계절 담은
천연 꽃초

한 그루의 나무가 모여 푸른 숲을 이루듯이
청림의 책들은 삶을 풍요롭게 합니다.

계절 담은 천연꽃초

발효 연구가 김순양 지음

청림 Life

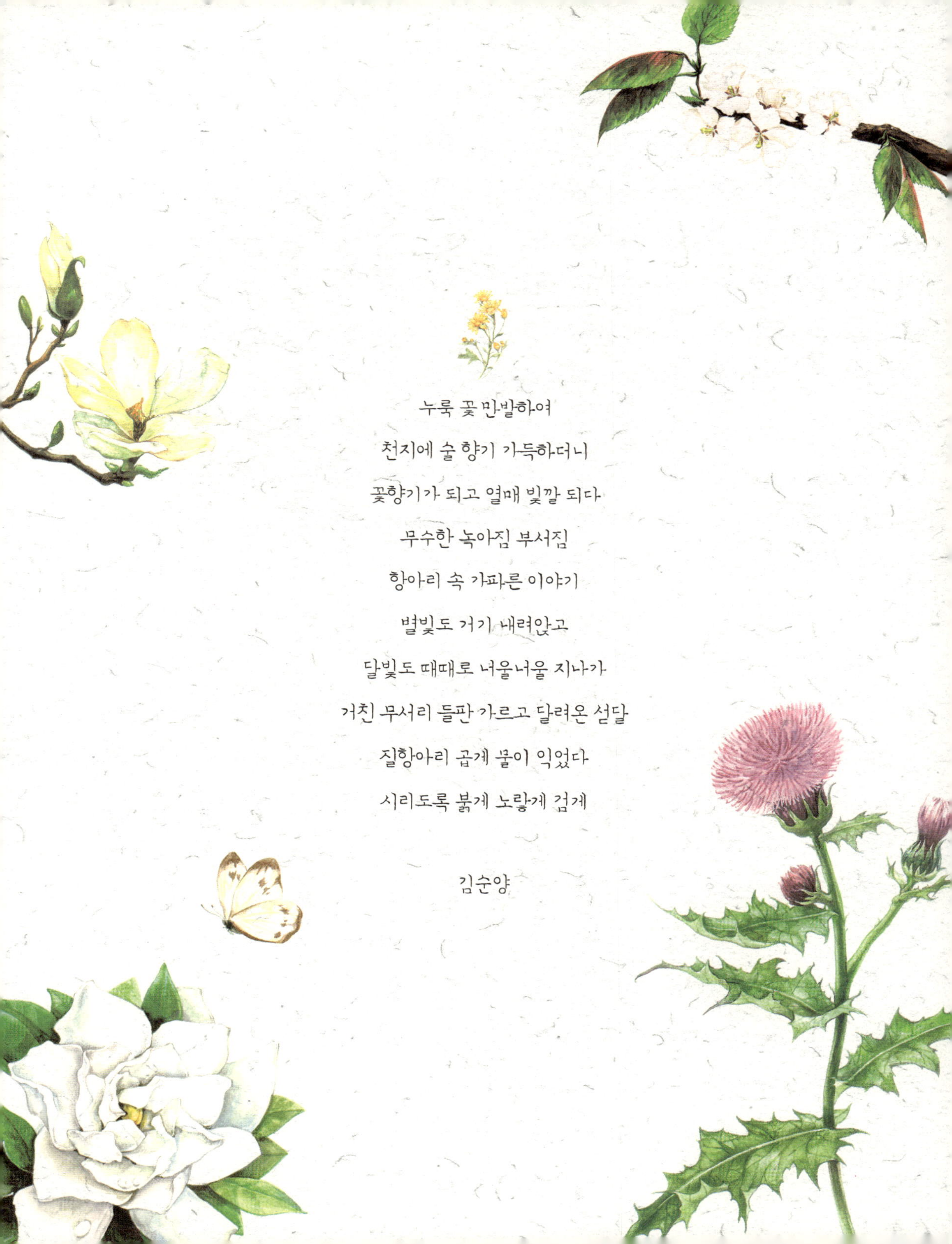

누룩 꽃 만발하여

천지에 술 향기 가득하더니

꽃향기가 되고 열매 빛깔 되다

무수한 녹아짐 부서짐

항아리 속 가파른 이야기

별빛도 거기 내려앉고

달빛도 때때로 너울너울 지나가

거친 무서리 들판 가르고 달려온 섣달

질항아리 곱게 물이 익었다

시리도록 붉게 노랗게 검게

김순양

1장
살아 있는
식초 이야기

2장
꽃으로 만든
발효식초

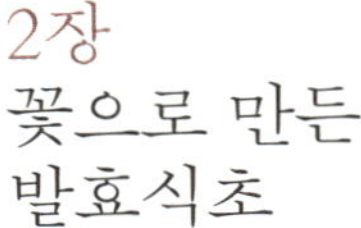

3장
천연재료로 만든 발효식초

   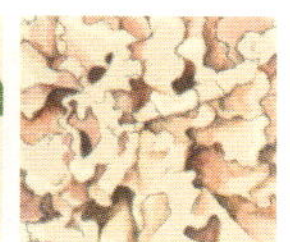

1장

자연이 숨쉬는
식초이야기

발효의 꽃
천연발효식초

바야흐로 천연발효식초의 춘추전국시대인
가? 요즘은 식초가 만병에 통하는 마법의 물
인 것처럼 자칫 과장된 면도 눈에 뜨인다. 그
러할지라도 반갑고 고마운 일이다. 천연발효
식초를 빚어온 모든 분들이 식초에 대한 나
름의 진솔한 견해와 경험을 바탕으로 한 노
하우를 하나둘 펼칠 기회가 왔기 때문이다.
발효의 세계 안에는 생명의 치열한 삶이 담
겨 있다. 생명이 다른 생명을 위해 자신을 헌
신하여 분해되는 과정에서 대사산물이 생겨
나 분자 구조의 전환을 통해 인체에 유익한
다양한 물질이 만들어진다. 복잡한 것 같으
나 자연의 가장 자연적인 현상이다. 때문에
발효의 모든 과정과 결과는 자연의 큰 선물
이다. 우리 모두는 자연이 끊임없이 순환하
는 고리 안에서 그 지혜를 익힌다.

발효의 원리

발효의 주체는 사람이 아니다. 사람의 몸도 자연의 일부이기에 자연이 만들어낸 발효의 결과물을 통해 더욱 풍요롭게 되었다. 발효는 우리가 태어나 돌아가는 모든 과정에 가장 밀접하게 작용한다. 새삼스러운 일이 아닌 우리의 할아버지, 할머니, 아버지, 어머니가 살아온 삶에 녹아 있고, 나와 내 자식들의 일상에도 자리하고 있다. 세월이 흐르고 사는 방법들과 환경이 달라졌을지라도 생존의 조건은 예나 지금이나 크게 다를 바 없기 때문이다.

우주만큼 광활하고 광범위한 발효의 세계 안에서 식초는 한 조각이며 부분에 불과하다. 왜냐하면 식초는 미생물이 기질을 만나 분해하고 합성하며 달려온 맨 마지막 정점이기 때문이다. 미생물이 탄수화물을 만나 당을 만들고, 이를 소화하는 과정에서 발생한 대사산물이 알코올이며, 다시 그 알코올을 분해해 식초를 완성시킨다. 과정마다 각각 다른 종류의 미생물이 관여했을지라도 식초에서 마침표를 찍으며 다시 만난다. 그래서 식초는 발효의 꽃이기도 하다.

그렇게 빚어진 식초 한 방울이 또 다른 생명 여행을 시작한다. 식초가 되기 위해 자신을 쪼개었던 곡식, 과일, 채소, 뿌리. 그들은 또 다른 동반자인 음식물을 만나 맨 처음 구강 안에 도착한다. 그리고 침샘을 자극하여 소화효소를 분비시키고 뇌를 깨워 대사 활동이 원활하게 이루어지도록 호르몬에게 부드럽게 명령한다. 식초는 세포 여행을 통해 몸 안의 어지러운 상황을 말없이 고쳐나간다. 탁해진 혈액에는 혈전용해효소를 나눠주고 구연산회로를 가동하여 피로물질인 젖산을 분해하며 중금속이나 활성산소 등을 제거한다. 또 흡수되지 못한 칼슘은 친히 세포 안까지 동반하여 제 역할을 다할 수 있도록 돕는다. 그러다가 옹종이나 어혈을 만나면 부드럽게 분해하여 적을 동지로 돌아오게 하는 일등공신이다. 자연의 원리 안에서 태어난 천연발효식초는 자연의 법칙에 따라 숨 쉬는 인체 안에서 자연의 산물로서의 역할을 톡톡히 해낸다.

발효란 생명의 놀이다. 죽어서도 다시 태어나는, 그리하여 다른 생명을 위해 자신을 헌신하는 아름다운 순환의 과정이다. 그 생명의 길 위에 기꺼이 놓여진 온갖 곡식과 열매, 풀잎들은 미생물을 만나 사랑에 빠지고 다시 새콤하고 감칠맛 나는 식초로 태어나 오감을 춤추게 한다.

발효의 시작이 자연임을 부인할 사람은 아무도 없다. 발효의 원리 또한 자연의 법칙을 바탕으로 하는 것은 물론이다. 우리의 생각 속에 가득 고인 지혜들은 자연이 뿌려놓은 씨앗이며 그 지혜들을 한 올 한 올 풀어내어 만지고 빚었던 손길은 자연을 드러내는 성스러운 도구다. 발효는 자연 그 자체다. 아름다운 순환이며 생명을 사실적으로 증명하는 시금석이다. 거기에는 함께 깃들어 술을 만들고 초를 만들었던 미생물들의 이야기가 오롯이 남아 있다. 곡식을 빻아 죽을 끓이고 물에 담가 밥을 짓고 누룩을 딛고 보리싹을 틔우는 모든 일들이 바로 미생물과의 잔치를 준비하는 일이다. 그리하여 술이 빚어지고 초가 빚어지는 동안 초조함이 아닌 진정한 기다림을 익힌다. 발효를 통해 얻을 수 있는 행복은 언제나 넉넉한 덤이다. 여행이 계속되는 동안 만나게 되는 소소하면서도 소중한 순간들을 마주하는 일이다. 때로는 보이는 것보다 보이지 않는 것 안에 더 큰 무언가가 있다는 걸.

발효의 세계는 명확히 정의할 수 없다. 지구라는 작은 행성에 존재하는 보이지 않는 미생물들은 진화하며 생존한다. 이를 끊임없이 규명하려 애쓰는 자들로 인해 많은 것들이 밝혀졌지만 아직도 밝혀내지 못한 아니 밝혀낼 수 없는 영역에 수많은 존재들이 있다. 그렇기에 정의하고 규명하기보다는 언제나 그랬던 것처럼 더불어 살아가는 것, 그냥 함께 있어주는 것, 그것이 바로 자연 발효의 시작이다.

천연발효식초의 생리 작용

학자들은 인류가 식초를 사용하기 시작한 시점을 1만 년 전쯤으로 추정하고 있다. 천연발효식초가 만들어지는 원리 안에서 보면 오래전부터 당을 가진 식물로 인해 등장했을 가능성이 크다. 유구한 역사 속에서 식초는 조미료로 쓰이기보다 질병의 치료나 예방의 역할이 좀 더 컸다. 하지만 현대의학이 발달하면서 식초의 역할은 조미료에 한하게 되었다. 최근에 이르러서야 의학의 부정적 측면이 부각되다 보니 의학의 힘에만 기대지 않고 천연발효식초를 통해 질병을 완화시켜 음식과 약의 경계를 허물며 단순 조미료라는 인식에서 벗어나게 되었다. 원래 천연발효식초로서의 제 역할로 점차 회귀하고 있는 것이다.

과연 천연발효식초는 인체에 어떤 영향을 미칠까?

입으로 들어가는 모든 음식물은 소화, 흡수의 과정을 거쳐 인체에 필요한 영양물질을 합성하며 에너지를 만들어내 생명을 유지하게 한다. 그런데 이 모든 순환의 과정은 환경과 시간의 지배를 받는다. 인체 내에서 활발하게 진행되었던 에너지를 얻는 모든 과정이 시간이 지남에 따라 약화되고, 튼튼했던 모든 구역의 회로들이 제 기능을 다하지 못해서 파생되는 여러 증상들로 인해 결국 질병에 이르게 된다. 이때 천연발효식초는 우리 몸의 소화, 흡수 과정에서 소화액의 분비를 촉진시키고, 천연발효식초 자체에 들어 있는 분해효소, 비타민, 미네랄 등의 역할로 여러 증상들이 완화되고 치료로 이어지는 생생한 현상을 보여준다.

천연발효식초 본연의 역할은 인체 리듬의 균형을 올바르게 잡아주는 것이다. 천연발효식초는 주로 음식이나 음료로 흡수하거나 다른 약재를 만드는 기초물질로 사용하는데 그 쓰임새와 무관하게 이미 인체에 수월하게 침투할 모든 준비가 끝난 물질이다. 식초를 일컬어 '발효의 꼭지점'이라고 불리는 것도 그 안에 있는 기초물질이 미생물에 의해 분해, 합성 과정을 거치는 동안 다시 변환되어야 할 기초기질이 남아 있지 않고 모두 소진되어 저분자 구조로 되었다는 의미이기도 하다. 체세포의 크기보다 작아진 저분자 구조의 대사 활동에서는 활성산소가 적게 발생한다. 또 발효 과정에서 생산되는 각종 효소는 인체 구석구석에 쌓여 있는 불필요한 피로물질이나 독성물질을 몸 밖으로 배출할 수 있는 힘을 제공한다. 또한 세포 안으로 운반하기 어려운 물질인 칼슘, 철 등을 흡수시키는 역할도 함께 한다.

식초는 노벨생리의학상을 3번이나 수상한 화려한 경력을 가지고 있다. 이것은 이미 검증을 거쳐 입증된 식초의 위력이다. 우리 몸은 자연의 법칙을 따르므로 태어나 성장하고 노화되는 과정을 멈출 수는 없다. 그러나 그 과정을 건강하게 지나갈 수는 있다. 자연의 원리 안에서 태어난 식초가 자연의 일부인 우리 몸을 돕는 역할을 하는 것은 순기능적인 순환이다. 그리하여 천연발효식초는 무언가 욕심껏 덧붙이지 않아도 그 자체로 온전하다. 곡식과 과일, 풀잎, 뿌리 들의 정점, 그 외로움의 끝에서 홀로 익은 귀한 물이 우리를 기다린다.

식초의 종류

· 천연(발효)식초

곡물이나 과일, 채소 등을 원재료로 하여 자연 발효 과정을 거쳐 얻어지는 대사산물을 말한다. 자연환경에 서식하고 있는 미생물들이 적절한 조건 하에서 서로 먹이사슬 형태를 유지하며 만들어낸다. 자연 효모에 의해 탄수화물의 당질, 과즙의 당분 등이 에틸알코올로 바뀌며 공기 중의 초산균에 의해 초산(아세트산, 60여 종의 유기산)이 생성된다. 또 발효의 전 과정을 통해서 물질이 분해, 변화, 합성 등의 화학적 변화를 겪어 저분자 구조로 바뀌어 체내 흡수율이 높아진다. 천연발효식초란 자연 발효에 의해 이처럼 다양한 영양물질을 품은 양조식초를 일컫는다.

· 주정식초

식초를 만들 때 곡류나 과일을 직접 원재료로 사용하지 않고, 알코올 농도가 95% 이상 정제된 에틸알코올을 활용해 만든다. 알코올 농도를 6~7%로 희석하여 온도와 산소 등의 조건을 갖추고 초산균을 접종하여 아세트산을 생산한다. 주정식초의 특징은 아세트산 외에 기타의 유기산과 영양물질이 포함되어 있지 않다는 것이다.

· 합성식초

석유에서 추출한 산도 99도의 강산인 빙초산을 원료로 하여 제조된 식초를 말한다. 식약청은 발효식초와 구분하기 위해 합성식초를 희석초산으로 명칭을 변경했다. 초산 함량이 25% 이상이면 안전성의 문제가 제기되기 때문에 총산도 4~29도에 초산 함량을 4~20%로 조정했다.

· 혼합식초

다양한 기법으로 제조된 식초를 원료로 하여 곡물의 원액이나 과즙, 농축액, 당이나 향신료, 카라멜 등을 첨가하여 만든 식초로 주로 음료나 소스에 첨가하여 활용된다. 총산도 4도 이상일 때 식초라고 명명할 수 있으며 3.9도 이하는 음료 베이스로 분류된다.

천연발효식초의
기본 원리와 재료

우리가 딛고 서 있는 땅 그 어디에도 미생물은 존재한다. 먹이를 만나기 전까지는 그냥 개체로 떠돌다 적절한 환경과 먹이가 등장하면 종족의 수를 기하급수적으로 늘려 자신들만의 생존 터전을 확보한다. 다른 종들과의 치열한 생존경쟁에서 우위를 점해야 그들만의 삶의 공간을 확보할 수 있다.

탄수화물을 만난 미생물은 효소를 활용하여 당을 만든다. 당은 모든 생명체의 에너지원이며 알코올의 기초물질이다. 효모나 누룩곰팡이는 당에서 영양물질을 취해 생명 활동을 하며 거기에서 알코올이 생성된다. 알코올의 등장으로 항아리 안 세상은 무척 바빠진다. 한 과정이 지나갈 때마다 변화되는 물질은 단순해지고 발효의 마지막 꼭지점을 향한 행진은 멈추지 않는다. 적절한 함량인 6~7%의 알코올이 주어지면 초산균이 등장한다. 초산균은 항아리 안에 풍부한 알코올을 먹이로 해서 대사의 산물이 여러 형태인 산을 생산한다. 식초를 구성하는 대표적인 물질은 아세트산이다. 발효가 완료된 식초는 그 외에도 다양한 종류의 유기산과 효소, 미네랄, 아미노산, 비타민 등 여러 가지 우수한 성분을 품고 있는 가장 안전한 물질로 탄생한다. 주로 곡류식초의 경우 아미노산이 풍부하며, 과일식초의 경우 유기산, 비타민이 풍부하게 함유되어 있다.

· 천연발효식초가 만들어지는 기본 과정

곡류식초

탄수화물(전분질) → 불리기 → 익히기 → 누룩(엿기름+효모) 섞어 배양하기 → 생수 첨가 → 알코올발
효(통성혐기성) → 초산균 유입 → 초산발효(호기성) → 천연발효식초 완성

과일식초

당 → 누룩(효모)첨가 → 알코올발효 → 초산발효 → 천연발효식초 완성

· 누룩의 역할

누룩은 전분질을 분해해 당을 생성시키는 당화 작용(엿기름 역할)과 당을 이용해
알코올을 형성하는 알코올분해 작용(효모 역할)을 동시에 하는 전통식 병행복발
효제다.

누룩

누룩은 주로 익히지 않은 날곡류를 원료로
한다. 곡류 자체의 효소와 대기 중에 서식
하는 사상균류, 효모균류 등 다양한 균이
생육·번식하여 효소를 생성·분비하고 효
모의 밀도를 높여 주모의 역할을 할 수 있
도록 병곡이나 산곡 형태로 성형된 것들을
통틀어 말한다. 병곡은 날곡식을 가루내어
떡 형태로 빚어 띄운 것을 말하며, 산곡은
흩임누룩의 일종으로 불린 날곡류의 낟알
이나 찐 곡류의 낟알에 씨누룩을 접종하여

밀누룩을 발효시키는 모습

띄운 것을 말한다. 주변 환경에서 서식하는 다양한 자연균에 의해 만들어진 대부분의 누룩은 천연발효제의 역할을 한다. 자연 누룩은 당화제와 발효제의 역할을 동시에 하기 때문에 병행복발효가 진행된다.

누룩은 사용하는 원재료에 따라 보리로 제조한 '소맥누룩', 쌀로 제조한 '쌀누룩', 수수로 제조한 '고량누룩', 호밀로 제조한 '연맥누룩' 등으로 분류하며, 원재료의 분쇄 정도에 따라 고운가루로 만든 것을 '분곡', 밀이나 보리를 거칠게 분쇄하여 만든 것을 '조곡', 밀을 도정하여 밀기울이 제거된 상태로 가루로 만든 것을 '백곡'이라 한다. 이 밖에 쑥누룩, 여뀌누룩, 녹두누룩, 도꼬마리누룩, 생강누룩, 연꽃누룩, 매화누룩, 산초누룩 등 용도에 따라 다양한 누룩을 제조할 수 있다.

만드는 계절에 따라 봄에 만들어진 것을 '춘곡', 여름에 만들어진 것을 '하곡', 가을에 만들어진 것을 '절곡', 겨울에 만들어진 것을 '동곡'이라 한다.

누룩을 만들 때는 분쇄된 정도에 따라 첨가되는 물의 양도 다르다. 조곡용으로 거칠게 빻았을 때는 전체 가루의 20~23%의 물을 첨가한다. 분곡용 고운가루에는 17~20%의 물을 넣는다. 물의 양이 지나치면 불필요한 세균의 증식이 많아져 다른

다양한 누룩의 모습

향이나 맛을 만들어낼 수가 있다.

누룩이 성형되고 나면 주 발효는 3~4일째부터 시작되어 9~10일 정도 진행되면서 누룩 내부에도 균의 밀도가 높아진다. 각종 효소류가 생성되므로 누룩의 품질이 좌우되는 중요한 시기이기도 한다. 이때는 누룩의 내부 온도인 품온도 높아져 손바닥으로 만져보면 따뜻한 기운이 느껴진다. 9~10일 이후부터는 누룩의 온도는 차츰 내려가고 표면에 희고 노르스름한 빛이 돌기 시작한다.

누룩을 띄우기에 적당한 온도는 30~33℃ 정도가 좋으며, 이때 품온이 40℃ 안팎이어야 당화효소의 분비가 잘 이루어진다. 누룩을 빚어 띄우고 후숙시키기까지는 대략 60~70일 정도 소요된다. 자연누룩의 조건은 원재료가 날곡류이며, 공기 중에 존재하는 다양한 미생물이 자연 접종되어 다양한 효소가 생성되어야 한다. 이렇게 만들어진 천연발효제인 누룩으로 천연발효식초가 태어난다.

완성된 누룩은 밀봉하여 저온에 저장하여 바구미와 같은 벌레의 접근을 방지한다. 저온저장고에 보관했던 것을 사용할 때는 실온에 3~4일간 꺼내놓아 누룩균의 활성을 도운 후 가루를 내어 사용한다. 누룩의 효소 및 미생물 밀도는 1년 정도는 양호하나 그 이후는 차츰 감소하여 누룩의 질이 떨어지게 된다.

· 누룩 만드는 순서

1. 원재료(밀, 보리, 기타)를 골라서 세척한 후 물을 빼서 분쇄한다.
2. 재료 양의 15~20%의 생수를 혼합하여 성형한다.
3. 1일 차에 뒤집어 띄운 후 10일 동안 1차 발효를 시킨다.
4. 다시 15일 동안 2차 발효를 시켜 완성한다.
5. 완성된 누룩은 25~30일 동안 후숙 건조시켜 보관한다.

전통 누룩균에 서식하는 미생물

<u>곰팡이</u> : 황국균, 백국균, 흑국균 등 누룩곰팡이 20속 101종이 분리·동정되어 대표적으로 아스페르길루스(Aspergillus)와 리조푸스(Rhizopus), 무코르(Mucor)속이 이에 속하고, 전분질 당화 역할을 한다.

다양한 누룩곰팡이의 모습

<u>효모</u> : 누룩 효모류는 15속 65종이 분리·동정되었으며, 대표적인 알코올 분해 효모는 사카로미세스계(Saccharomyces cerevisae)가 이에 속한다.

<u>세균</u> : 누룩 세균은 12속 39종이 있으며, 바실루스(Bacillus)속과 젖산균 등이 있다.

엿기름(맥아)

엿기름 만드는 모습

엿기름의 사전적인 의미는 '엿+기르다'의 명사형이다. 그 이름에서도 알 수 있듯이 엿당(맥아당)의 원료이며, 녹말 당화제로서 전분질 분해효소를 다량 함유하고 있다. 엿기름의 역사는 기원전 4000년경 고대 바벨로니아에서 시작하여 이집트에 전해졌으며, 지중해성기후에 속해 있는 여러 나라에 두루 퍼져 유럽 전역까지 이르러 독일 맥주나 식초를 빚는 데 중요한 역할을 했다. 엿기름의 주원료는 밀이나 보리이며, 물에 불려 싹을 틔우는 과정에서 아밀라아제, 프로테아제, 인베르타아제, 디아스타아제, 피테이스, 글루코스, 덱스트린,

말토스, 비타민 B 등이 생성되어 천연효소제로서의 역할을 한다. 엿기름은 그 자체만으로 여러 기능을 하므로 소화불량이나 식체, 구토, 설사 등에 좋은 민간약으로 쓰이고 산모가 아기 젖을 뗄 때 젖 말리는 약으로도 사용한다.

엿기름은 주로 겉보리로 만드는데 쌀보리와 밀도 좋은 재료이고, 밀을 사용할 경우 단맛이 더하여 풍미가 좋다. 계절적으로 낮과 밤의 온도차가 많을 때 기르는 것이 당도가 더 좋다.

· 엿기름 기르는 과정

1. 보리(밀)를 세척한 후 물에 5~6시간 동안 불린 후 물을 빼준다.
2. 소쿠리에 면포를 깔고 불린 곡물을 올린 후 젖은 천으로 덮어둔다.
3. 15℃ 온도에서 싹을 틔우고 3일째부터 하루에 한 번 씻어서 건진다.
4. 0.8cm 정도 싹이 돋아나면 보자기에 펴서 말린다.
5. 건조가 끝나면 손으로 비벼 잔뿌리를 제거하고 분쇄하여 밀봉 보관한다.

맥아즙

맥아즙은 찹쌀, 맵쌀, 조, 수수 등의 곡류를 익혀서 엿기름을 넣고 당화하여 건더기를 걸러 농축한 즙을 말한다. 발효액이나 술, 식초 등을 만들 때 맥아즙을 설탕 대용으로 활용하면 영양과 풍미가 우수해진다.

· 맥아즙 만드는 순서

1. 찹쌀밥 2kg, 엿기름즙액 3ℓ를 혼합하여 보온밥통에 넣는다.
2. 65~70℃ 온도에서 6~7시간 동안 당화한다.
3. 건더기를 고운체나 거즈로 걸러내고 즙만 온도에 맞게 열을 가하여 농축한다.

밥누룩 배양하기

곡류식초는 여러 측면에서 뛰어나지만 누룩을 첨가하여 제조하므로 완성 후에 누룩
취가 강하게 남을 수 있다. 누룩의 양을 최소화하기 위한 방법으로, 식초에 사용할
곡류로 밥을 짓고 항아리에 넣기 전 소량의 누룩을 섞는다. 27℃ 정도의 온도에서
배양하여 미생물의 밀도를 높인 후 항아리에 물과 함께 혼합하여 발효시킨다.

밥누룩을 배양하는 모습

· 만드는 순서

1. 재료를 세척하여 불린 후 증자한다.
2. 증자한 곡류에 전체 양의 3%의 누룩을 섞는다.
3. 채반에 물기가 있는 면포를 깔고 누룩 섞은 곡류를 2~3cm 두께로 골고루 펴서 그 위에 젖은
   면포를 덮는다.
4. 27~30℃ 온도에서 24시간 동안 배양한다.

막걸리식초 만들기

막걸리의 어원은 '막-거르다'와 '마구-거르다'에서 유래한 것이다. 지금 막 거칠게
거른 술을 의미하며 탁한 술, 즉 '탁주'의 한 이름이다. 곡물이나 고구마, 감자 등 전
분이 주원료가 되며 천연발효제인 누룩이나 효모를 첨가하여 일정기간 동안 발효시
킨 후 생성된 상등액은 맑은 술인 약주로 떠낸다. 나머지에 생수를 첨가하여 고운체
로 찌꺼기를 걸러내어 얻는 즙액을 '막걸리'라고 할 수 있다.

막걸리에서 식초까지의 과정은 그리 어렵지 않다. 막걸리의 알코올 농도가 6~7%면 자연 상태에서도 초산균은 달려올 것이다. 적절한 알코올 농도는 초산균에게 큰 매력이며 좋은 삶의 터전이 되어 생육과 번성이 왕성해지고 각종 유기산이나 식초의 주요 산인 아세트산을 맘껏 만들어낼 것이기 때문이다. 식초의 탄생은 알코올이 생성되는 곳 어디서나 가능하다. 다만 발효의 전 과정이 미생물의 활동에 의해 진행되므로 과정 과정마다 적절한 환경이 만들어져야 한다.

전분질이 당화되어 알코올이 만들어지는 과정을 거치면 초산균들이 등장하게 되는데 이때 인위적으로 시중의 멸균식초를 섞는 경우들이 종종 있다. 하지만 식초 안에 알코올을 먹이로 하는 초산균이 없다면 발효는 기대하기 어렵다. 막걸리 상태의 알코올에 초산균이 없는 아세트산을 넣으면 신맛은 있을 수 있지만 미생물의 활발한 활동은 어려워지고 결과물도 얻을 수 없다. 하지만 막걸리에 초산균이 살아있는 '종초'를 사용한다면 결과는 다르다. 자연발생적이지는 않지만 투입된 초산균이 증식하여 식초의 적절한 조건을 갖추게 될 것이다.

발효는 생명체의 활동임을 기억할 필요가 있다. 정해진 공식의 틀 안에서만 만들어지는 것이 아니다. 보이지 않는 생명체들이 끊임없이 소멸과 생성의 연결고리를 순환하여 탄생한 산물인 천연발효식초를 늘 가까이 두면 건강한 삶을 영위할 수 있을 것이다.

· 간편한 막걸리식초 만드는 순서

1. 알코올 농도 6~7%의 멸균되지 않은 생 막걸리를 준비한다.
2. 소독된 용기에 얇게 저민 생강 3~4쪽을 깔고, 그 위에 준비된 막걸리를 붓는다.
3. 초산이 살아 있는 천연식초(종초)를 막걸리와 8 : 2의 비율로 섞는다.
4. 발효 초기에는 2일에 한 번씩 나무 주걱으로 저어주면서 27~32℃ 온도에서 60일 이상 발효시킨다.
5. 완성된 식초는 침전물을 걸러 맑은 상등액만 밀봉 보관하여 사용한다.

천연발효식초 만들기
주의 사항

발효를 위한 올바른 용기 사용법

천연발효식초를 담그기 위한 용기는 옹기가 적합하나 재료에 따라서 유리병도 무난하다. 유리병을 사용할 경우 발효 과정에서 빛을 차단해주는 것이 유리하므로 천이나 종이로 감싸주면 좋다. 내용물은 알코올발효가 진행되는 동안 이산화탄소가 발생해 끓어오르거나 부풀어 오르는 경우가 있으므로 입구까지 가득 채우지 말고, 재료에 따라 용기의 70~80%만 채워준다. 알코올발효가 끝나게 되면 내용물이 끓어오르는 현상은 거의 발생하지 않으므로 잡균의 서식을 막기 위해 식초의 표면과 용기 입구 사이의 공기층을 최소화하여 관리한다. 식초가 안정권에 들게 되면 식초를 용기 입구까지 가득 채워 숙성시킨다. 초산발효 초기에는 30℃ 정도의 온도를 유지하는 것이 적당한데, 여의치 않을 경우 용기를 두터운 천이나 단열제로 감싸서 보온해준다. 총산도가 4도 이상이 되었을 때 온도가 높지 않은 실온에서 6개월 이상 후숙시켜 완성하면 맑고 풍미가 좋은 천연발효식초를 얻을 수 있다.

발효 단계에 따른 관리법

식초는 당발효 → 알코올발효 → 초산발효의 과정을 거친다. 각 과정마다 관여하는 미생물이 다르고 필요로 하는 환경 또한 다르므로 적합한 조치를 취해주는 것이 좋다. 당에서 알코올이 생성되는 과정에서는 주로 효모(통성혐기성)가 주된 세력원이므로 산소를 약간 차단해주는 것이 좋으나 초산균(호기성)이 활발하게 움직일 때에는 산소의 양이 많아져야 하기 때문에 항아리 입구의 환경도 달라져야 한다. 산소의

공급은 원활하게 하되 초파리나 이물질이 들어가지 못하도록 한다.

알코올의 기초물질인 당은 25블릭스가 적절하며 알코올의 농도는 6~7%가 초산발효를 시키기에 적합하다. 과즙을 농축시키고 농축액이 적절한 알코올을 생성시키면 초산균을 불러들여 아세트산과 여러 가지 유기산을 생성시킨다. 천연발효식초가 그 덕목을 갖추기까지의 최소 시간은 재료와 환경에 따라 달라지나 보통 27~32℃ 온도가 유지되는 상태에서 2~3개월 정도 소요된다. 식초의 단계에 이르렀을지라도 숙성 기간에 따라 풍미와 성분이 달라진다.

초막 관리법

초막은 식초를 만드는 다양한 발효균들 중에 아세토박터(Acetobacter)속과 글루코노박터(Gluconobacter)속 등의 초산균주가 전통식 식초 제조 방법인 정치발효 시 수면에 만들어 놓은 얇고 맑은 피막을 말한다. 초모(Mother of vinegar)는 종초 역할과 동시에 잡균서식으로부터의 보호

초막이 생성된 모습

막 역할을 한다. 피막 생성 초기에는 용기를 자주 흔들어주거나 소독된 주걱으로 피막을 깨뜨린 후 수면 아래로 가라앉혀 원활한 산소 공급로를 확보해준다. 초막을 관리를 하지 않고 오래 방치해두면, 피막이 표면으로부터 수면 아래로 점점 두꺼워져 식초를 다 잠식하기도 한다. 너무 두꺼워지기 전에 종초로 사용하거나 섬유질(셀룰로오스)을 꼭 짜서 건더기를 걸러낸다.

산막효모 관리법

산막효모는 골마지, 꽃가지, 백태 등으로 다양하게 불린다. 식초뿐만 아니라 술, 김치, 간장, 장아찌 등의 발효식품을 담글 때 표면에 하얀 곰팡이가 핀 것처럼 보이는 경우가 있는데 시간이 지날수록 점점 두꺼워지고 악취가 발생하게 되면 내용물을 버리게 된다. 이런 현상을 방지하여 내

산막효모의 모습

용물이 공기에 노출되어 산패하는 것을 막기 위해 김치나 장아찌 발효 시 발이나 돌로 내용물이 수면으로 떠오르지 못하도록 눌러서 숙성·보관한다. 식초를 만들 경우에는 보편적으로 충분한 알코올 도수(6~7%)가 만들어질 수 있는 조건 즉, 양질의 누룩, 적절한 발효 온도, 오염되지 않은 물, 소독된 용기, 건강한 발효 공간 등을 준비해 발효물이 산막효모 등에 오염되지 않도록 주의한다. 이외에 술을 빚는 방법을 달리하여 알코올 도수를 임의로 올려주는 방법도 있다. 밑술을 만들어 1차 배양한 후, 덧술을 넣어 알코올의 생성을 도와 산막효모의 생성을 예방한다.

· 산막효모 초기 대처법

잘 소독된 도구로 산막효모를 건져내기를 반복하다가 양질의 에틸알코올을 첨가해 도수를 높이고 건강한 종초를 접종하여 초산발효를 돕는다. 이 과정에서 총산도가 높아지면 식초의 항균 작용으로 산막효모가 사멸되기도 한다.

천연발효식초의 생초 보관법

완성된 식초는 육안으로도 침전물과 맑은 상등액이 선명하게 구분된다. 상등액을

떠내어 5~7일 정도 지나면 다시 미세한 침전물층이 생긴다. 침전물을 걸러 맑은 상등액만 적당한 크기의 병에 소분하여 담는다. 이때는 병 입구까지 채워 담아 공기층을 최소화시키고, 멸균하지 않은 생초 보관 시 진행되는 초산균의 활성을 최소화한다. 완성된 식초는 여러 병에 나누어 담아 밀봉하여 그늘지고 서늘한 곳에 보관하면, 마지막 사용할 때까지 풍미를 잃지 않고 산패를 막을 수 있다. 남은 침전물은 샐러드의 드레싱이나 생선 조림에 먼저 사용한다.

침출식 식초의 활용

발효는 기본적으로 원재료에 들어 있는 맛, 향, 색 등의 다양한 성분들을 밖으로 유도해 미생물의 적절한 대사 활동을 통해 물질의 변화를 일으키는 것을 말한다. 이에 비추어보면 침출식 식초는 완성된 주정식초나 발효식초를 기초로 하여 원재료를 침지하여 추출하는 과정을 거치므로 온전한 발효식초라고 보기 어렵다. 식초 자체는 발효 과정을 거쳤을지라도 원재료는 추출 작용 이상의 미생물 대사 활동을 기대하기 어렵기 때문이다.

예를 들어 시중에서 구입한 총산도 4도 이상의 멸균식초에 바나나를 담가 일정한 기간이 지나 사용한다고 가정할 때, 바나나의 맛과 향, 색은 추출할 수 있다. 하지만 멸균식초는 무균 상태이므로 따로 종균을 접종해주지 않는 이상 미생물의 활동을 기대하기 어려워 발효된 결과물을 얻기는 쉽지 않다. 반면 바나나를 직접 발효하여 그 결과물로 식초를 얻었다면 천연발효식초라고 할 수 있다.

침출식 식초와 천연발효식초의 차이는 영양과 성분뿐만 아니라 분자 구조에서도 찾을 수 있다. 침출식 식초는 기초물질의 변화 없이 추출되어 있는 상태다. 때문에 기초물질의 기본 분자 구조가 미생물의 대사 활동으로 인해 저분자 형태로 변화된 천연발효식초와는 구조적으로 차이가 있다. 이것은 곧 우리 몸의 흡수율과 긴밀한 연관이 있다.

발효의 궁극적인 목적은 인체에 필수적인 물질의 생성과 세포막을 무난하게 통과할 수 있는 물질구조의 변화 즉 흡수율을 높이는 데 있다. 식초가 발효의 꼭지점인 까닭은 발효의 과정에서 겪게 되는 물질의 변화 중 가장 마지막 단계에 있기 때문이다. 식초는 총산도 4~29도 사이의 산성이다. 식초가 대부분 안전한 물질로 분류되는 것은 총산도 4도 이상에서는 미생물의 활동이 둔화되거나 사멸되어 대장균이나 그 외 여러 잡균들의 서식이 거의 불가능하기 때문이다. 식초의 여러 가지 효능 중에 항균, 항염 작용은 이러한 맥락에서 이해할 수 있다. 완성된 밀봉 상태에서도 오랜 기간 본연의 성질을 잃지 않는 것도 식초 그 자체가 곧 천연방부제이기 때문이다. 하지만 침출식 식초와 발효식초의 차이에도 불구하고, '식초'가 공통적으로 가지고 있는 장점들을 생각하면 어떤 형태로든 식초를 활용하는 것은 바람직한 일이다.

천연재료의
한의학적 이해

고문서에 근거한 꽃의 쓰임새

__해표약(解表藥)__ 체내의 노폐물 배출

감국, 목련꽃, 박하, 칡꽃

__이수약(利水藥)__ 이뇨 작용, 노폐물 배출, 황달, 결석

도라지꽃, 연꽃, 옥수수꽃, 패랭이꽃

__청열약(清熱藥)__ 청열, 체온상승으로 인한 증상 완화

금은화, 맨드라미, 민들레꽃, 차나무꽃, 치자꽃, 개나리꽃, 결명자꽃, 모란꽃, 작약꽃, 익모초꽃, 용담꽃, 할미꽃, 청미래덩굴꽃, 제비꽃

__사하약(瀉下藥)__ 장내 독소 제거, 숙변 제거

복숭아꽃, 나팔꽃, 살구꽃

__보익약(補益藥)__ 혈액 보충, 소화 촉진

모란꽃, 대추꽃, 생강꽃

__보기약(補氣藥)__ 기력 증진, 거담 작용

산수유꽃, 석류꽃, 맨드라미, 맥문동꽃, 칡꽃, 오미자, 대추꽃, 인삼

보혈약(補血藥) 수분 부족으로 인한 영양 공급, 피부건조나 안구건조증 치료

구기자꽃, 매화, 맥문동꽃

온리약(溫裏藥) 냉증 완화, 살균 작용, 위장장애 개선, 혈압 강하

생강꽃, 오수유꽃

이기약(理氣藥) 소화장애 해소, 막힌 기를 원활하게 함.

도라지꽃, 금은화

방향화습약(芳香化濕藥) 위장에 정체된 노폐물 제거, 살균, 피부병, 신경통, 관절염

박하꽃

활혈약(活血藥) 출혈 억제, 어혈 제거, 혈액순환장애 완화

능소화, 둥굴레꽃, 송화, 골담초꽃, 금은화, 홍화, 무궁화

출처 : 동의보감, 원색임상본초학(신민교 편저, 영림사)

한의학적으로 구분된 꽃의 성질

한(寒) 금은화, 능소화, 목련, 민들레꽃, 연꽃, 치자꽃

량(凉) 맨드라미, 국화, 박하꽃, 송화, 제비꽃, 차나무꽃

온(溫) 대추꽃, 매화꽃, 생강꽃, 석류, 인삼

미온(微溫) 산수유꽃

평(平) 골담초꽃, 구기자꽃, 도라지꽃, 둥굴레꽃, 복숭아꽃, 옥수수꽃, 청미래덩굴꽃,
　　　　칡꽃

맛으로 분류한 꽃의 종류

쓴맛 연꽃, 제비꽃, 치자꽃, 할미꽃

<u>단맛</u> 구기자꽃, 금은화, 대추꽃, 둥굴레꽃, 맨드라미, 옥수수꽃, 청미래덩굴꽃, 칡꽃

<u>매운맛</u> 목련, 박하꽃, 생강꽃

<u>신맛</u> 능소화, 매화꽃, 산수유꽃, 석류꽃

<u>혼합맛(쓴맛, 단맛)</u> 메꽃, 민들레, 복숭아꽃, 송화, 차나무꽃

원재료의 독성에 대한 이해

백 가지 재료를 선택함에 있어 인체에 크게 해가 될 만한 것들을 제하려 노력했다. 약간의 독성이 원재료에 있을지라도 발효의 전 과정을 거치는 동안 미생물의 활동에 의해 고분자적 기질이 저분자 구조로 변해 중화되는 것이 발효의 특징 중 하나다. 때문에 식초의 완성 단계에 이르면 원재료의 기초물질의 구성과 성질, 맛 등은 변화를 겪는다. 천연발효의 특성상 상당 시간이 소요되므로 발효의 과정에서 인체에 해가 되는 부분은 완화되기를 기대해볼 수 있다.

식초는 발효의 여러 단계를 겪으며 분자 구조가 세분화되어 인체에 흡수율이 높다. 그래서 대체의학이나 현대의학에서도 독을 다스려 질병을 치료하는 약으로 개발하여 쓰기도 한다. 독성의 함량 정도에 따라 유익하게 활용할 수도 있다. 특히 우리나라 산이나 들에 핀 야생화는 80% 이상이 식용 가능하여 성분이나 맛 또한 우수하다. 독성을 다스려 인체에 유익한 물질로 전환하는 것이 발효가 가진 장점 중 하나다.

· 독성이 있는 식물들

철쭉꽃, 투구꽃(부자), 은방울꽃, 디기탈리스꽃, 동의나물꽃, 애기똥풀꽃, 삿갓나물꽃, 천남성꽃, 박새꽃, 꿩의바람꽃, 현호색꽃, 모데미풀꽃, 연령초꽃, 피마자, 살구, 수선화, 주목, 더위지기, 꼭두서니, 목화, 붓순나무, 백선

*약용으로 활용할 경우 의사의 지시에 따라 적절히 사용해야 한다.

꽃으로 만든
발효식초

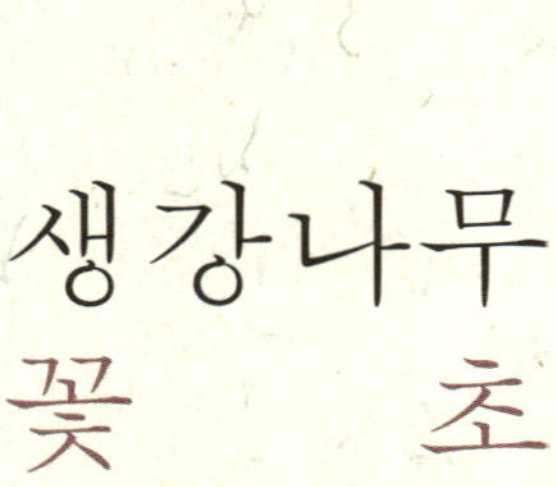

생강나무
꽃　　　초

대기에 향수를 뿌려놓은 듯 달콤한 꿀 향기에 이끌려 그 정체를 찾아가
보면 그곳에 어김없이 청초한 모습의 생강나무를 만나게 된다. 아름다운
파마머리처럼 보글보글 노랗게 치장한 꽃들을 잔뜩 달고 있는…….
3월의 숲에서 만나게 되는 생강나무는 경이로움이다. 꽃에서는 꿀 향기
가 나지만 가지를 씹어보면 은은한 생강 냄새가 입안 가득하다. 둔탁한
나무의 몸에서 저토록 선명한 색과 향기가 돋아나와 생명을 노래하다
니! 그 노랫소리를 듣고 향기에 취하고 싶은 사람들이 숲가에서 서성인
다. 봄의 시작을 알리려고 잎을 제치고 먼저 달려 나온 꽃송이들. 향기
로운 꽃송이와 함께 우리 몸의 세포여행을 시작해보자. 보는 즐거움에서
만지는 즐거움, 먹는 즐거움까지 모두 만끽하자.
생강나무는 잎이나 가지에서 생강 냄새가 난다 하여 생강나무라는 이름
을 갖게 되었다. 키는 3~5m에 이르며 잎은 5~15cm로 비교적 큰 편이
다. 암수딴그루로 이루어져 있으며, 3월에 꽃이 피고 9월경에 둥그스레
한 열매가 열린다. 3월에 피기 시작한 생강나무꽃을 채취하여 향기가 나
는 꽃초 한 병을 담그는 호사를 누려보자. 꽃을 따는 동안에도 눈과 코
가 즐겁다. 꽃을 따서 씹어보면 달콤한 향기에 취하고 꽃을 딴 손에서도
꽃향기가 배어 한나절이 지나도 손이 향기롭다.

꽃초 만들기

생강나무꽃이 준비되면 청주를 분무기에 담아 꽃 전체에 골고루 뿌려준다. 찜기에 열을 가해 수증기를 올리고 생강나무꽃을 찜기 바닥에 펴준다. 10초 정도 찐 생강나무꽃은 다시 식혀서 그늘 바람에 꾸들하게 말려 준비한다.

찹쌀로 밥을 짓고 엿기름가루와 생수를 섞어 65℃ 온도에서 5~6시간 동안 당화한다. 다시 즙액만 걸러 1~2시간 동안 중간 불에서 농축시킨 후 차갑게 식힌다.

생강나무꽃에 누룩가루와 농축된 맥아즙을 고루 섞어 유리병이나 옹기 항아리에 담는다. 한지나 천으로 항아리의 입구를 봉하여 22~25℃ 온도에서 30여 일 동안 발효시킨다.

알코올 냄새와 초 냄새가 섞여 나면 고운체에 걸러 27~30℃ 온도에서 2~3일에 한 번씩 나무 주걱으로 저어주면서 50여 일 동안 발효시킨다. 감칠맛이 도는 향기로운 초가 완성되면 침전물을 걸러 맑은 상등액만 담아 밀봉한 후 서늘한 장소에 보관한다.

효능

생강나무는 간염, 지방간, 관절염, 산후풍 등에 효과가 있으며, 혈액순환, 신경통, 기침이나 두통, 해열 작용, 어혈 제거에 도움이 된다.

재료 생강나무꽃 500g, 청주 200㎖, 찹쌀 300g, 엿기름가루 500g, 생수 5ℓ, 누룩가루 50g

활용
tip

생강나무꽃초 마시기

생과일주스에 생강나무꽃초를 기호에 맞게 희석하여 음용한다.

생강나무꽃초로 세안하기

세안 시에 물에 생강나무꽃초를 3~4방울 떨어뜨려 헹구어준다.

맨드라미
꽃   초

맨드라미의 꽃말을 찾아보면 '사치, 잘난 체하다'라는 재미있는 의미를 가지고 있다. 워낙 선명한 색깔 때문일까, 늦가을까지 도도하게 그 자태를 잃지 않아서일까? 그 모든 설명이 가능한 맨드라미는 늦여름부터 늦가을까지 융단처럼 특별한 느낌으로 피어서 어느 집 화단에서나 쉽게 만날 수 있는 꽃이다. 수탉의 벼슬을 닮았다 하여 '계두'라는 별명으로 불리기도 하며 생약명은 '계관화'이다. 고운 빛 덕분에 천연물감으로 예부터 즐겨 사용되었으며, 피부 트러블을 완화시키는 작용을 한다. 맨드라미꽃초는 만드는 방법이 비교적 간단하여 누구나 한 번쯤 만들어 사용할 수 있는 식초 중 하나다. 맨드라미꽃초는 처음 만들었을 때의 고운 빛이 시간이 지나면서 진하게 갈변될 수 있지만 성분은 더욱 우수해진다. 발효란 두고두고 아끼며 느낄 수 있는 또 다른 세계다.

맨드라미는 꽃으로 피어나 식초로 오는 여정에서 이미 예감했으리라. 누군가의 열망 위에 다시 꽃이 되어 살며시 내려앉게 될 것을.

40

꽃초 만들기

맨드라미 한 송이를 통째로 담을 수 있는 입구가 넓은 유리병을 세척하여 건조시킨다.

맨드라미는 씨앗이 생기기 시작하는 9~10월쯤에 15cm 길이로 송이를 잘라준다.

맨드라미를 찜기에서 뜨거운 김으로 5초 정도 살균하여 농도 3%의 식초물에 5분 정도 담근 후 세척한다. 맨드라미의 물기를 거두고 준비된 병에 송이째 담는다.

맨드라미가 잠길 만큼의 생수에 벌꿀을 넣어 녹이고 누룩가루, 청주를 넣고 섞는다.

병의 입구를 한지로 봉하여 25℃ 온도에서 60여 일 동안 발효시키면 완성된다.

완성된 식초는 맑은 상등액만 걸러 유리병에 밀봉하여 서늘한 곳에 보관한다. 사용할 때는 충분한 후숙 기간을 두어 꽃초의 풍부한 향과 식감을 즐기는 것이 좋다.

효능

맨드라미는 피부염이나 손발 저림에 효과가 있다. 그 외에도 가래나 여성들의 생리과다에도 도움이 되며 청혈 작용을 한다고 알려져 있다.

재료 맨드라미 큰 송이 1개, 벌꿀 600g, 생수 2ℓ, 청주 2큰술, 누룩가루 10g

활용 tip

맨드라미꽃초 화장수 만들기

· 종이 여과지로 맨드라미꽃초를 두 번 정도 거른 뒤 꽃초와 증류수를 2 : 8의 비율로 희석하여 냉장 보관 상태에서 사용한다.

맨드라미꽃초 음용법

· 맨드라미꽃초를 개인의 기호에 맞게 생수에 희석하여 음료로 마신다.
· 맨드라미꽃초를 벌꿀이나 조청과 섞어 생과일이나 야채 위에 소스로 뿌려 사용한다.

구 절 초
꽃 초

인적 없는 길가에 해맑게 피어 있는 이 꽃은 아름답다기
보다는 어쩐지 애잔하다. 늦가을 산길이나 바위틈, 벼랑
끝에 그저 함초롬히 피고 지는 모양새는 선뜻 그 꽃을 따
는 것을 망설이게 한다. 그러나 이 꽃이 옛 어머니들의 수
많은 질병을 치료해온 민간약의 일등공신임을 어쩌하랴.
아마도 기다렸을 것이다. 은은한 향기를 발휘하며 찬 서
리 마다하지 않고 저렇듯 희고 곱게 피어 누군가 자신과
하나 되어 행복하고 아름다워지기를……

가을 꽃 중에 가장 맑은 꽃, 구절초꽃을 발효의 세계에
얹어보자. 그리고 늘 고마운 마음으로 꽃을 따자. 필요한
만큼만. 식초를 만드는 과정에서 가끔 병을 흔들어 산소
가 고루 투입되게 도와주면 초산균들이 행복해한다. 초
산균은 호기성균이기 때문에 산소가 많이 필요하다. 식
초를 기다리는 동안 작은 병 안에서 성실하게 일하는 미
생물들을 격려해주자. 보이지 않는 세계의 생명을 느껴보
고 그들이 변화시키는 여러 현상들을 구경하다 보면 발효
의 또 다른 매력에 빠져든다. 새로운 이야기를 주렁주렁
매달아 삶의 무료함이나 건조함을 치료해줄 답 하나 문
득 얻게 될지도 모를 일이다.

꽃초 만들기

구절초는 무리지어 있어서 발견하면 한자리에서 꽃과 잎을 함께 딸 수 있다. 꽃 두 송이에 잎 한 장의 비율로 두세 주먹 따온다. 꽃과 잎은 찜기에서 뜨거운 김을 5초 정도 쏘인 후 채반에 펴서 식혀둔다.

맥아즙을 만들기 위해 흰 밥과 엿기름즙을 전기밥통에 넣고, 65℃ 온도에서 5시간 동안 당화한다. 식혜 상태가 된 당화액의 건더기를 거른 후 열을 가해 농축시켜 2ℓ의 맥아즙을 만들어서 식혀둔다.

유리병에 준비된 구절초와 농축맥아즙을 붓고 누룩가루를 넣어 고루 섞는다. 병 입구는 한지로 봉하고 25℃ 온도에서 발효시킨다. 발효가 되는 동안 알코올 냄새가 나기 시작하면 27~30℃ 온도에서 식초가 될 때까지 놓아둔다.

효능

구절초에는 니아신, 베타카로틴, 엽산이 풍부하며 폴리페놀, 항산화물질이 다량 함유되어 있다. 부인병에 좋은 약재로 생리불순, 생리통, 대하증, 불임증과 같은 여성질환에 효과가 있다. 또 해열, 폐렴, 기관지염, 기침, 감기, 인후염증, 방광염, 고혈압, 위장 질환도 치료한다.

재료 구절초 한 움큼, 엿기름즙 3ℓ, 누룩가루 2큰술, 흰 밥 2공기

활용 tip

여성질환 치료법

· 구절초꽃초와 벌꿀, 생수를 1 : 1 : 3의 비율로 희석하여 식사 중이나 식후에 마신다.
· 따뜻한 물에 구절초꽃초 50㎖를 섞어 30분씩 족욕한다.

꽃 창 포
꽃 초

꽃창포는 여름과 함께 꽃이 피어나고 여름이 기울면 잎만 무성해지다가 가을의 시작과 함께 잎이 시들며 한 생애를 마감한다. 타래붓꽃이라는 이름으로도 불리는 이 꽃은 꽃송이도 크고 색깔도 고운 보랏빛이다. 더운 여름날, 햇볕 아래 청초한 자태로 무리지어 피어 있는 모습은 청량감을 느끼게 한다. 상냥한 사람을 만나면 어쩐지 기분이 좋아지는 것처럼, 감상하는 모든 사람에게 아낌없이 자신을 뿜어내어 즐겁고 행복한 마음을 갖게 한다.

꽃창포는 자신을 인정해달라는 꽃말을 가지고 있다. 아름다운 헌신의 세계로 기꺼이 몸의 일부인 꽃을 뉘이고 스미듯 사람들에게 흘러들어 꽃에서 사람으로 새롭게 태어나기를 바라는 것은 아닐까. 그 여행을 위해 작은 단지 하나를 흔쾌히 들여놓자.

꽃초 만들기

찜기에 청주와 물을 1 : 1의 비율로 넣고 김을 올린 후, 꽃창포꽃을 20초 정도 찐다. 다시 꽃창포꽃을 채반에 펴 그늘에서 선풍기 바람으로 꾸들하게 말리기를 3회 반복하여 준비한다.

80℃ 온수를 뚜껑이 있는 용기에 담고 준비된 꽃창포꽃을 넣어 물이 식을 때까지 뚜껑을 닫아둔다. 대략 5~6시간 동안 꽃물을 충분히 우려낸다.

우려낸 꽃물에 벌꿀이나 조청, 설탕 중에 하나를 선택하여 20~30% 사이의 당을 용해시킨다. 그 위에 누룩을 넣고 섞은 후 병의 입구를 한지로 봉하여 25~27℃ 온도에서 2~3일에 한 번씩 나무 주걱으로 저어준다. 보통 꽃초가 완성되기까지 90여 일이 소요되나 온도나 환경의 조건에 따라 다소 차이가 날 수 있다.

꽃초가 완성되면 유리병에 나누어 담고 밀봉하여 서늘한 곳에 보관한다. 후숙 기간은 완성된 후 자유롭게 가질 수 있으나 시간이 지날수록 성분은 우수해지고 풍미도 좋아진다.

효능

꽃창포꽃초는 변비에 좋으며 감기나 피로로 목이 부었을 때 따뜻한 물에 벌꿀과 함께 타서 마시면 도움이 된다. 또 화장수로 사용하면 여름에 지친 피부나 햇볕에 노출된 피부를 안정시키는 데 도움이 된다.

재료　꽃창포꽃 1kg, 청주 200㎖, 생수 5ℓ, 벌꿀 1.2kg, 누룩가루 20g

활용
tip

꽃창포꽃초 화장수 만들기

맑은 생수와 꽃창포꽃초를 10 : 1의 비율로 희석하여 냉장 보관하며 사용한다. 자주 사용하면 피부의 결이 고와지고 촉촉해진다. 평소에 쓰는 로션이나 스킨에 꽃창포꽃초를 한 방울 정도 섞어 써도 보습에 도움이 된다.

차나무
꽃 초

사계절이 뚜렷한 나라에서 태어나 살아간다는 것이 얼마나 큰 축복인지는 발효를 통해 새삼 크게 느낄 수 있다. 계절마다 향기가 다른 꽃이 피고 지는 놀랍고 경이로운 세상. 거기에 발효가 더해져 술이 되고 초가 되어 잠깐 핀 꽃이 영원의 물로 방울진다. 그러니 사람의 마음조차 이 과정에 동화될 수 있다면 항아리를 매만지는 수고도 마다할 리 없다.

차나무꽃이 피는 늦은 가을, 고요히 차나무를 들여다보면 작년 가을에 핀 꽃이 씨앗으로 달려 있다. 가지 사이사이에는 새 꽃봉오리가 촘촘하게 달려 있다. 어미나무는 참 자식 욕심이 많은가 보다. 다 큰자식, 어린자식, 모두 매달고 선 어미나무의 푸르디푸른 찻잎 또한 여전하다. 10월부터 피기 시작하는 차나무꽃은 겨울의 흰 눈 속에서도 지지 않는다. 그런 특성 때문인지 차나무꽃의 향기는 꽃 중에 으뜸이지 싶다. 너무 지나치게 도드라지지 않고 엷지도 않아 천연 향수처럼 몇 송이 따서 방 안에 놓으면 차 한 잔을 숨결로 마시는 것 같다. 어찌 이 가을 이 꽃을 그냥 지나치랴.

차나무꽃은 송이는 크지 않지만 노오란 꽃술이 풍부하고 꿀도 많아 식초를 담기에 좋은 꽃이다. 꽃이 만발한 11월쯤이면 꽃을 따기도 수월하고, 손질하기도 어렵지 않아 한번 만들어볼 만하다. 꽃은 만개한 지 하루가 지나지 않은 것이 좋다.

꽃초 만들기

싱싱하고 향기로운 차나무꽃을 골라 한 송이 한 송이 정성스럽게 따서 꽃가루를 가볍게 털어낸다. 청주를 넣은 찜기에 차나무꽃을 넣고 3~5초간 김을 쏘인다. 꽃을 채반에 펴서 식힌 후 누룩가루를 뿌려 30분쯤 둔다.

생수와 조청을 1 : 0.3의 비율로 하여 시럽을 만든 후 용기에 담고 차나무꽃을 넣어 발효시킨다. 차나무꽃이 위로 떠올라 공기에 노출되지 않도록 대나무잎이나 연잎으로 눌러준다.

40여 일이 지나면 차나무꽃 특유의 연한 노란색 빛이 감도는 액체가 만들어지면서 알코올 냄새가 올라온다. 이때쯤 27℃ 온도에서 2~3일에 한 번씩 나무 주걱으로 저어준다.

60여 일이 되면 차나무꽃을 포함한 건더기를 걸러내고 액체만 따로 2차 발효를 시킨다.

90여 일이 지나면 꽃초로서 면모는 갖추나 풍미는 다소 떨어질 수 있다. 시간이 흐르면서 색깔도 진해지고 잡냄새도 가셔야 진정한 명초가 된다.

효능

차나무꽃은 항산화, 피부 미백, 노화 방지에 효과가 있어 미용에 도움이 된다. 또 해독, 항염 작용을 하며 구취 제거에도 효과가 있다.

재료 차나무꽃 300g, 청주 100㎖, 생수 2ℓ, 조청 600g, 누룩가루 10g

활용 tip

차나무꽃초 마시기

· 생수 150㎖에 벌꿀 1/2큰술, 차나무꽃초 2큰술을 섞어 마신다.

· 우유 100㎖에 벌꿀 1/2큰술, 차나무꽃초 1큰술을 섞어 마신다.

· 과일즙이나 녹즙 200㎖에 차나무꽃초 1큰술을 섞어 마신다.

진 달 래
꽃   초

진달래꽃은 겨울이 웅크렸다 지나간 산천이 아직 삭막할 때, 첫사랑처럼 설레는 마음으로 수줍게 꽃수를 놓는 이들의 마음에 봄을 알리는 꽃이다. 소박하게 피어난 진달래꽃은 잔칫날에는 화전으로, 배고픈 이들에게는 고마운 간식으로, 가난한 이들에게는 약재로, 풍류객들에게는 좋은 벗이 되어 참 오랫동안 우리 삶의 애환을 함께 해왔다.

진달래꽃으로 빚은 빛깔 고운 초를 예쁜 병에 담아 시집간 딸이나 며느리, 혹은 벗에게 건네면 산천에 피던 진달래가 우리들 가슴에서 만발할 것이다. 한 번쯤 진달래꽃 같은 첫사랑을 남몰래 가슴에 들인 적 있는 이들이야말로 야트막한 야산을 산책하면서 진다래꽃을 한 잎 한 잎 따 모아 옛 일을 추억하며 꽃초를 담아보면 어떨까.

꽃초 만들기

진달래꽃에 벌꿀과 누룩가루를 혼합하여 용기에 담아 봉한 뒤 일주일간 절여둔다.

붉은 액체가 충분하게 생성되었을 때 생수를 붓고 나무 주걱으로 꽃잎이 으깨지지 않도록 살살 저어준다. 다시 한지로 용기의 입구를 봉하여 25~27℃ 온도에서 60여 일 동안 발효시킨다.

꽃잎을 걸러내고 따로 즙액만 담아 30일쯤 후숙시켜 꽃초를 완성한다.

완성된 꽃초는 침전물을 걸러 맑은 상등액만 유리병에 밀봉하여 냉암소에 보관한다.

효능

진달래꽃초는 머리가 무겁고 맑지 않을 때, 생리통으로 몸과 마음이 괴로울 때, 감기 기운으로 가래가 생길 때, 목이 간질거리며 기침이 나올 때 마시면 증상이 개선된다.

재료 진달래꽃 1kg, 생수 1.5ℓ, 벌꿀 300g, 누룩가루 10g

진달래꽃초 마시기

·진달래꽃초와 벌꿀을 1 : 0.5의 비율로 섞은 후 2~3배 양의 생수에 희석하여 마신다.

·따뜻한 진달래꽃초를 원액으로 20~30㎖ 정도 그냥 마셔도 좋다.

꽃 손질 시 주의사항

진달래꽃은 막 피어난 것들 위주로 따야 꽃술 제거가 용이하다. 아직 꽃이 덜 핀 것들은 꽃술이 안쪽에 들어 있어 손질하기가 까다롭다. 꽃술에는 약간의 독성이 있어 꽃잎만 따로 식초에 담갔다가 사용하는 것이 좋다. 진달래꽃은 얇고 연하기 때문에 따 온 그날 사용하여야 한다.

접시꽃
꽃 초

오래전 어느 시인은 암으로 아내를 잃
고 이 꽃을 제목으로 아내를 추모했다.
많고 많은 꽃 중에 왜 접시꽃을 아내
에 비유했을까. 전설 속의 접시꽃은 한
결같이 자리를 지키는 지조의 꽃으로
표현되기도 한다.

접시꽃은 꽃으로서의 가치보다는 민간
약으로 여인들의 둘도 없는 벗이었다.
약이 귀했던 옛날에 접시꽃을 집집마
다 사립문 앞에 심어 꽃도 감상하고 꽃
잎, 씨앗, 뿌리 등을 부인들이 흔히 앓
는 여러 병증에 사용했다. 이토록 헌신
적인 꽃은 화려함이나 우아함보다는
따뜻하고 정겨운 느낌이 강하다.

여름부터 초가을까지 물결무늬 접시처
럼 생긴 꽃이 흰색, 붉은색, 핑크색 등
으로 피어나면 만개한 꽃들을 따서 어
머니를 생각하는 마음으로 꽃초를 만
들어보자.

꽃초 만들기

접시꽃 한 송이 한 송이를 가위로 꽃받침까지 따서 깨끗하게 세척한다. 세척한 꽃송이를 연한 식초물에 10여 분 동안 담가 꽃 속에 들어 있는 작은 벌레나 꽃가루를 털어낸 후 물기를 말린다.

접시꽃을 벌꿀에 재워 20여 일 동안 둔다.

진한 엿기름물에 누룩가루를 넣어 섞은 후, 꿀에 재운 꽃 위에 다시 붓고 나무 주걱으로 저어 고루 섞이도록 한다. 25~27℃ 온도에서 50여 일 동안 1차 발효를 시킨 후 건더기와 즙액을 분리한다.

분리된 즙액만 따로 담아 30일 동안 2차 발효를 시킨다. 완성된 식초는 침전물을 걸러 맑은 상등액만 밀봉 보관한다.

효능

접시꽃의 전초는 자궁에 염증이 생겨서 나타나는 여러 가지 증상을 치료하는 데 명약이다. 또한 변비나 소변불통에도 효과가 있다.

재료 접시꽃 500g, 벌꿀 200g, 생수 1ℓ, 엿기름가루 300g, 누룩가루 10g

접시꽃꽃초 팩 만들기

·완성된 접시꽃꽃초의 침전물은 마사지 팩 재료에 소량씩 넣어 섞어서 얼굴에 펴 바르고 세안한다.

·우유와 침전물을 10 : 1의 비율로 섞어 겨울 추위로 거칠어진 손과 발에 발라준다.

찔 레 꽃

꽃   초

5월이면 밭둑이나 들판, 야산의 오솔길 어디서든 찔레꽃이 지천으로 만발하여 대지 가득 야생 장미 향기가 그윽하다. 찔레꽃만큼 작고 향기로운 야생화도 드물다. 그 조그마한 꽃송이 안에 그토록 진한 향기를 품어 벌과 나비를 부르고 사람의 마음 또한 어찌 그리 설레게 하는지……. 5월의 풀냄새 속에 어김없이 섞여 흐르는 찔레꽃 향기는 누구나 그 곁으로 달려가게 한다.

가시 사이사이에 황홀하도록 섬세하고 고운 꽃 한 송이 한 송이를 따노라면 손등에 상처가 나고 피가 맺히기도 한다. 그렇다고 장갑을 끼면 가시에 걸려 성가시다. 그럴 때는 가지를 한 손으로 붙잡고 천천히 따내면 손에 상처가 남지 않는다. 그렇게 작은 꽃송이를 하나하나 따내면서 싱그러운 5월을 느낄 수도 있지만 따가운 햇살에 노출될 피부를 생각하면 이른 아침 산책길에 잠깐석 따서 냉장고에 모아두고 사용하는 게 좋다. 찔레꽃은 야무지고 실하여 쉽게 상하지 않고 3~4일 냉장 보관해도 싱싱한 상태가 유지된다.

찔레꽃은 봄에 피어나 사람들에게 많은 유익을 주었던 식물이다. 배고픈 시절 찔레꽃과 찔레순으로 허기를 달랬던 사람들은 지금도 찔레꽃을 고맙고 사랑스러운 존재로 인식한다. '고독'이라는 의미의 꽃말처럼 이런저런 이야기를 지닌 꽃이지만, 꽃이 품은 여러 가지 성분들은 여성의 아름다움을 가꾸는 데 크게 기여한다. 향기가 좋아 차나 초를 만들기에도 좋은 재료다.

꽃초 만들기

찔레꽃을 손질해 잡티를 골라낸다. 청주를 넣은 찜기에 찔레꽃을 넣고 5초 정도 김을 쏘인 후 그늘에 말려둔다.

80℃ 온수에 말린 찔레꽃을 넣고 하룻밤 우려낸다.

우린 꽃물에 벌꿀과 누룩가루를 넣어 나무 주걱으로 녹인 후 청주를 섞는다.

찔레꽃초는 90여 일간 발효시켜야 완성되는데 발효 과정에서 30여 일이 지나면 하루에 한 번 정도 나무 주걱으로 저어준다.

완성된 식초는 종이 여과지에 2번 정도 거른 후 밀봉 보관한다.

효능

찔레꽃꽃초는 마시면서 바르는 식초다. 꾸준히 마시면 혈액 순환을 돕고 부기를 빼준다. 항산화물질을 다량 포함하고 있어 노화 방지에도 도움을 준다.

화장수로 만들어 바르면 미백 효과가 좋고 더위에 지친 피부를 안정시켜주는 효과가 있다.

재료　말린 찔레꽃 100g, 생수 1ℓ, 벌꿀 300g, 청주 200㎖, 누룩가루 10g

찔레꽃꽃초 마시기

· 완성된 찔레꽃꽃초를 과일즙에 적당히 희석하여 마시거나 플레인 요구르트 종류와 섞어 마신다. 특히 우유와 섞어 마시면 칼슘 흡수를 돕는다.

· 벌꿀을 넣은 발효액에 찔레꽃꽃초를 섞어 마셔도 좋다.

찔레꽃꽃초 화장수·팩 만들기

· 증류수 100㎖에 찔레꽃꽃초 10㎖, 청주 10㎖를 잘 섞은 후 냉장 보관한 뒤 화장수로 사용한다.

· 플레인 요구르트 4큰술에 찔레꽃꽃초 1큰술을 혼합한 후 거즈에 적셔 얼굴이나 목에 펴 바른다. 팩을 바르고 15분이 지나면 세안해준다.

민 들 레
꽃   초

민들레는 꽃이 피는 속도도 빠르지만 씨앗을 맺는 속도 또한 워낙 빠르다. 흙 가까이 잎을 펴고 움
츠린 듯 꽃을 달지만 씨앗을 맺을 때만큼은 가늘고 긴 외대를 훌쩍 끌어올려 홀씨를 바람에 실려
보낸다. 그리하여 봄이 오면 온통 민들레 세상이 된다.

누구라도 한 줌 꺾어들고 제각각 쓰임새 찾아 떠날 수 있는 꽃,

꽃 중에 가장 많이 알려진 꽃, 예부터 지금까지 이런저런

사연과 애환을 모두 끌어안고 사람과 더불어

사람의 생활 속 깊숙이 들어와 있는 꽃.

민들레는 백성의 꽃이었다.

그만큼 가장 쉽게 구할 수 있는

민간약이기도 했다.

위장병에서부터 간질환, 암에 이르기까지 광범위하고

다양하게 쓰여 서민들에게는 귀한 약재였다.

민들레는 전초를 사용해 술을 담그거나 건조시켜

차로 달여서 썼으며 가루를 만들거나

조청 상태로 만들어 먹기도 했다.

민들레는 쓴맛이 있으므로 식초를 만들 때는

당발효보다는 누룩발효가 효과적이다.

꽃초 만들기

봉우리가 벌어지기 시작하면 전초를 채취하여 세척한다. 찜기에 김을 올려 민들레를 30초 정도 쪄낸 후 그늘에서 말린다. 이를 3회 정도 반복하여 꾸들할 정도로 말려 준비한다.

찹쌀밥과 누룩가루를 고루 섞은 후 25℃ 온도에서 하룻밤을 둔다. 밥에 하얗게 곰팡이가 덮이면 준비된 민들레와 섞어 용기에 담고, 생수를 부어 입구를 천이나 한지로 봉하고 알코올 발효를 시킨다.

20여 일 후 알코올이 생성되면 봉했던 천을 공기 소통이 원활한 가벼운 천으로 바꾼 후 27~30℃ 온도에서 50여 일 동안 초산발효를 시킨다.

완성된 식초는 침전물을 걸러 맑은 상등액만 밀봉 보관하고 침전물이 섞인 식초는 먼저 사용한다.

효능

피부에 각질이 많을 때 민들레꽃초로 팩을 하면 도움이 된다. 또 감기로 인한 피로감이 있을 때나 위염으로 인한 여러 증상에는 익힌 양배추즙과 민들레꽃초를 섞어 마시면 효과적이다.

재료 민들레 100g, 찹쌀밥 300g, 누룩가루 10g, 생수 1ℓ

민들레꽃초 팩 만들기

민들레꽃초 1큰술, 볶은 녹두가루 2큰술, 벌꿀 1큰술, 우유 2큰술을 잘 섞은 후 필요한 부위에 거즈를 펴고 바른 후 15분 정도 지나면 제거한다.

민들레꽃초 차 만들기

민들레꽃초와 벌꿀을 1 : 0.7의 비율로 섞어 얇게 썬 배와 섞어둔다. 하루나 이틀이 지나면 뜨거운 물에 희석하여 마신다.

감 국
꽃 초

늦가을 산기슭이나 들녘에는 노란 감국이 무리지어 피어난다. 모든 초목들이 한해살이를 갈무리하는 시간. 무얼 그리 오래 기다렸는지 지쳐서 초췌해진 잎 사이로 올망졸망한 노란 꽃송이들이 앞다투어 피어난다. 찬 기운에 푸석해진 감국꽃잎들 사이로 기운찬 향기가 진동한다.

감국은 피어 있을 때보다 사람의 손끝에서 향기가 더욱 진해진다. 깊은 가을 감국을 따서 쪄내고 말리는 것은 즐거운 놀이다. 향기가 있는 놀이는 머리가 맑아지고 행복한 기분이 들게 한다.

꽃초 만들기

청주와 생수를 찜기에 넣어 열을 가한 후 김이 오르면 감국을 넣고 10초 정도 쪄서 식히기를 3회 반복한다.

준비된 감국에 80℃ 온수를 붓고 1시간 동안 열수추출한다.

감국추출액에 조청과 누룩가루를 녹여 용기에 담고 25~27℃ 온도에서 90여 일 동안 발효시킨다.

꽃초가 완성되면 침전물을 걸러 맑은 상등액만 밀봉 보관하여 사용한다.

효능

감국꽃초는 혈액순환을 원활하게 하여 피가 맑아지고 고혈압, 고지혈증 등 혈관질환을 개선시킨다. 또 골다공증, 관절염, 간 기능 개선 및 해열 진통 진정 작용, 눈의 충혈, 감기, 기관지염, 장염, 위염, 두통, 현기증, 피부질환 개선 등에 효과가 있다.

재료 감국 100g, 생수 2.2ℓ, 조청 600g, 누룩가루 20g, 청주 100㎖

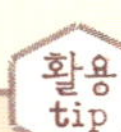

증상별 감국꽃초 활용법

· 밀가루에 감국꽃초를 조금 넣어 반죽한 후 멍이 든 곳에 붙이면 효과적이다.
· 화장품으로 인한 화장독이나 음식물로 인한 중독으로 피부발진이 있을 때 생수와 감국꽃초를 10 : 1의 비율로 희석하여 화장솜에 적셔 바른다.
· 감국꽃초에 생수나 과즙, 주스를 3~4배 정도 넣고 희석하여 마시면 혈압이 안정되고 혈액순환에 도움이 된다.
· 심장이 두근거릴 때 감국꽃초에 생수를 3~4배 정도 넣고 희석하여 마시면 좋다.

어 성 초
꽃 초

초여름 화단가에 서면 청초한 흰 꽃이 만발한다. 꽃을 가만히 들여다보면 네 장의 꽃잎 가운데 오뚝하게 꽃술이 솟아 있다. 가까이 다가가면 비릿한 냄새가 풍겨난다. 손으로 따서 만져보면 더욱 심한 냄새가 난다. '약모밀'이라는 명칭보다 어성초로 더 많이 알려졌으며, 꽃이 아름답고 전초에 훌륭한 약성을 가졌다. 발효 과정을 거쳐 초가 되면 비린 냄새는 거의 사라지고 약성은 더욱 올곧게 남으며 유익한 신물질까지 생성되어 그 가치는 참으로 높아진다.

꽃초 만들기

6월에 어성초꽃이 개화하기 시작하면 꽃과 줄기, 잎을 함께 채취한다. 청주와 물을 1 : 3의 비율로 희석하여 찜기에 넣고 열을 가한 후, 30초 동안 찌고 식혀 꾸들하게 말리기를 3회 반복하여 준비한다.

말린 어성초 전초를 용기에 담아 그 위에 80℃ 온수를 붓고 식을 때까지 둔 후, 어성초추출액을 만든다. 어성초추출액이 만들어지면 벌꿀, 누룩가루를 섞어 용기에 담고 그 위에 연잎을 띄워 90여 일 동안 발효시킨다.

완성된 꽃초는 침전물을 걸러 맑은 상등액만 밀봉 보관한다.

효능

어성초꽃초를 여드름이나 피부 트러블, 무좀에 사용하면 도움이 된다. 항균 작용이 탁월하며 기관지염에도 효과가 있고, 여름철 옷장이나 찬장, 싱크대 등에 어성초꽃초를 스프레이하면 곰팡이를 방지할 수 있다.

재료　말린 어성초 전초 100g, 생수 5.3ℓ, 벌꿀 1.5kg, 누룩가루 20g, 연잎 1장, 청주 100㎖

증상에 따른 어성초꽃초 사용법

·증류수와 어성초꽃초를 10 : 1의 비율로 희석하여 여드름이나 피부 트러블이 난 부위에 바른다.

·비염의 경우 증류수와 어성초꽃초를 10 : 2의 비율로 희석하여 콧속을 헹군다.

·비듬이 잘 생기는 두피에는 머리를 감고 마지막 헹굼물에 1큰술을 희석하여 사용한다.

·물과 어성초꽃초를 3 : 2의 비율로 희석하여 마시면 중금속 중독을 완화시킨다.

·어성초꽃초에 물을 3~4배 넣어 희석한 후 상시 복용하면 관절염 치료에 도움이 된다.

연 꽃

꽃 초

세상의 수많은 꽃들이 흙에 뿌리를 내리고 바람에 몸을 맡겨 땅 위에서 잎이 나고 꽃이 핀다. 이와 달리 물 밑 진흙에 뿌리를 두고 바람 대신 물결에 몸을 맡긴 채 물 위에 떠서 꽃을 피우는 연꽃이 있다. 여름 더위에 모든 생명체가 지쳐 노곤할 때 유유히 물 위에 떠서 우아하게 꽃잎을 여는 연꽃은 생긴 것만큼이나 품은 속성도 사람에게 유익이 되는 것이 많다. 전초 어느 것 하나 버릴 게 없는 것이 연꽃이다.

한여름 갓 피어난 연꽃을 따서 초를 담는 일은 발효의 격을 한껏 높여 멋과 맛을 함께 빚어내는 즐겁고 귀한 일이다. 제철에 돋아나는 생명을 관찰하며 자연의 시간표 위에 우리의 삶을 살짝 얹어보는 일이다. 우리도 자연의 한 부분이듯 발효도 자연의 한 이치다. 그 자연의 산물을 은혜로 받는다면 우리 모두에게 얼마나 큰 기쁨이겠는가. 삶의 즐거움이 연꽃 한 송이 안에 가득 피어 있을지도 모를 일이다.

꽃초 만들기

여름날 이른 아침에 갓 피어난 꽃송이를 줄기 4~5cm 길이 아래에서 따낸다.

청주와 생수를 1 : 5의 비율로 희석한 물에 연꽃을 10분 동안 담가두었다가 꽃을 씻어낸다.

채반에 꽃을 건져 물기를 뺀 후 누룩가루를 고루 뿌린다.

유리병에 연꽃을 세워 담고 벌꿀희석액(벌꿀 0.3 : 생수 1)을 조심스럽게 부어준다. 유리병
의 입구를 한지로 봉하고 27℃ 온도에서 60여 일 동안 발효시킨다.

다시 연꽃을 건져내고 맑은 액체를 거른 후 2개월 동안 후숙시킨 후 사용한다.

효능

연꽃꽃초는 다른 꽃초들에 비해 귀한 식초이다. 쿼세틴, 루테올린, 이소쿼세틴, 글루코사이
드, 캠프페롤 등 각종 플라보노이드를 함유하고 있어서 특히 아기를 가진 임산부에게 더없
이 좋다.

재료 연꽃 세 송이, 청주 200㎖, 생수 3ℓ, 벌꿀 0.9kg, 누룩가루 10g

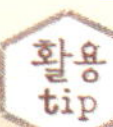

임산부를 위한 연꽃꽃초 복용법

· 기름기 없는 팬에 멸치를 노릇하게 볶아 연꽃꽃초와 섞은 벌꿀을 곁들여 먹으면 아기나 산모의 뼈가
튼튼해진다.

· 연꽃꽃초를 생수와 희석하여 마시면 입덧에 도움이 된다.

· 임신 중 감기에는 연꽃꽃초와 벌꿀을 섞어 따뜻하게 마시면 좋다.

도라지꽃초

여름이 한창 무르익어가는 7월이면 시골 어디서나 쉽게 볼 수 있는 것이 도라지꽃이다. 원래는 산에서 흔하게 만날 수 있었던 꽃이지만 이제는 경작하는 밭에서 더 쉽게 만날 수 있을 만큼 재배가 활발하다. 오히려 산길에서는 만나기 어려운 꽃이 되었다.

어쩌다 산길에서 마주치는 도라지꽃은 색깔이 어쩌나 선명한지 멀리서도 눈에 띈다. 남보랏빛과 눈처럼 흰빛으로 오뚝하게 피어 있는 모습은 화려함에 가깝다. 한 송이를 찾아내면 주변에 여러 송이가 어우러져 피어 있는 것을 볼 수 있다. 인적 없는 산길에 여름이 몰고 온 열기가 후끈거리고, 볼록해진 도라지 꽃망울이 금방이라도 꽃잎을 열 듯 팽창한 모습은 발걸음을 잠시 멈추게 한다.

꽃 몇 송이 꺾어갈 욕심으로 가까이 다가가면 그윽한 향기로 맞이하는 도라지꽃. 흰 저고리 남색 저고리 모두 곱다. 이렇게 고운 빛깔 안에서는 무슨 일이 일어나고 있을까. 꽃잎은 심심하게 보여도 그 안의 모습은 다르다. 먼저 솟아나온 수술의 꽃가루가 밖으로 배출될 때까지 암술은 꽃 속 깊숙이 숨어 있다. 형제의 꽃가루를 받지 않으려는 지순함이 놀랍다. 수술이 시들고 나면 암술이 자라나 다른 꽃의 꽃가루를 맞이할 준비를 한다. 한 뿌리, 한 줄기를 피하여 다른 꽃가루로 수정하여 씨를 맺는 지혜는 어디에서 가져왔을까. 그리하여 도라지꽃의 피어 있는 겉모습은 같지만 꽃잎 안을 들여다보면 수술이 피어 있는 모습, 수술이 시들어 있는 모습, 암술의 머리가 세 갈래로 갈라진 모습 등 다양한 모양새를 볼 수 있다.

이렇듯 경이로운 일들이 순간마다 일어나는 자연에서 그 일부를 얻어와 다시 새롭게 꽃을 피운다는 것은 우리에게 큰 선물이다.

꽃초 만들기

도라지꽃초는 줄기와 잎, 꽃을 함께 섞어 만든다. 찜기에 청주를 넣어 김을 올리고 도라지 전초를 10초 정도 찐 후, 채반에 널어 그늘에서 꾸들하게 말린다.

율무를 불려 믹서에서 분쇄하여 묽게 죽을 쑨 후 차게 식힌다.

율무죽 무게의 5%의 누룩가루를 넣고 준비된 도라지를 잘 섞어준다.

유리병이나 작은 단지에 넣어두면 20시간 후부터 발효가 활발하게 진행되어 알코올이 생성되고, 초산발효가 일어나 도라지꽃초가 만들어진다.

용기 입구를 한지나 천으로 봉한 뒤 25~27℃ 온도에서 후숙시킨다. 꽃초의 완성도가 높아질수록 맑은 상등액이 생기며 침전물도 뚜렷하게 갈라진다. 이때 침전물을 걸러 맑은 상등액만 밀봉 보관한다.

효능

도라지꽃초는 폐의 기운을 맑게 하고 가래를 삭이는 데 도움을 준다. 또 피부를 윤택하게 해주며 과로로 인한 피로물질을 분해한다.

재료 말린 도라지 전초 100g, 율무 1컵, 누룩가루 30g, 생수 1ℓ

활용
tip

도라지꽃초 사용법

· 도라지꽃초의 침전물은 고운체에 걸러 생선 요리, 미용팩, 드레싱, 회무침 등에 넣어서 쓸 수 있다.

· 도라지꽃초는 필요에 따라 마시는 음료나 물에 조금씩 넣어서 마신다.

· 도라지꽃초를 평소에 사용하는 화장수에 섞어 얼굴에 발라준다.

동 백
꽃 초

동백나무는 사철 푸르러서 언제 보아도 청청하다. 겨울이 시작되면 그 푸른 잎 사이사이로 새색시 입술처럼 붉은 꽃잎들이 피어나기 시작한다. 첫눈이 내리는 날 동백나무 숲에 서면, 겨울 꽃의 애잔함이 흰 눈발 아래 붉게 흩어져 그냥 지나칠 수가 없다. 눈 위에서 붉고 두툼한 꽃잎들을 줍는다. 차갑게 식은 꽃잎들은 푸드득 새로 태어나기 위해 내 작은 손길에 스스로를 맡긴다. 맑은 계곡 물에 동백꽃을 씻어내면 금방이라도 붉은 물방울이 흘러내릴 것 같다. 이런저런 마음과 꽃잎이 만나서 밀회를 꿈꾼다.

식초를 만들다 보면 산길에서나 들에서 만나는 풀잎이나 꽃, 열매들을 도둑고양이처럼 훔쳐보게 된다. 언제부터인가 생겨난 못된 습성이다. 그러함에도 늘 용서받는 즐거움으로 자연의 일부를 만나고, 그 속에 감춰진 향기와 빛깔, 그리고 속성들을 끌어내어 깊게 입맞춤한다. 고단할지라도 행복해지는 일, 그 반복되는 중독성 안에 갇히는 일이 즐겁다.

동백꽃의 특징은 비교적 여러 종류의 효소를 많이 함유하고 있다는 것이다. 효소가 향기 성분을 분해하여 코끝에 향기를 감지할 수 있다. 초록 잎들 사이에서 노랗고 붉은 혹은 보랏빛으로 숨은 속성들을 알 수 있는 것도 꽃이 피었을 때다.

꽃은 그 식물의 언어다. 꽃을 따는 것은 그 식물의 아름다운 말을 듣는 일이다. 식물은 자신을 가장 적절하게 표현하는 방법으로 꽃을 피우기 시작한다. 붉은 동백꽃잎은 이렇게 나의 항아리 안으로 들어와 자신의 이야기를 풀어갈 것이다. 정유 성분이 있는 두툼한 꽃잎은 수분도 적절하여 꽃초의 재료로 훌륭하다. 옛 여인들은 꽃이 지고 나서 맺힌 씨앗으로 기름을 짜서 아름다움을 가꾸었다.

64

꽃초 만들기

동백꽃을 세척하여 물기를 제거한다.

배 1개를 껍질과 씨와 씨방을 제거하고 1cm 두께로 납작하게 썰어 준비한다.

묽은 조청에 누룩가루를 섞은 후 준비해둔 꽃잎과 배와 다시 골고루 섞고 용기에 담아 25℃
온도에서 1차 발효를 시킨다.

40여 일 정도 지나면 건더기와 즙액을 분리하여 즙액만 30여 일 동안 2차 발효를 시킨다.

완성된 꽃초는 종이 여과기에 걸러 맑은 액만 밀봉 보관한다.

효능

동백꽃초를 차로 마시면 마음의 안정을 얻을 수 있고, 기침에도 좋은 효과가 있다. 또 동백꽃
초를 화장수로 만들어 피부에 바르면 거친 피부가 부드러워지고 염증성 피부질환의 증상을
개선할 수 있다.

재료 동백꽃 200g, 배 1개, 묽은 조청 300g, 누룩가루 1큰술

동백꽃초 음용법

완성된 동백꽃초는 음료나 음식에 적절히 첨가하여 즐길 수 있다.

동백꽃초 바디 스킨 만들기

생수와 꽃초를 10 : 1의 비율로 희석하여 바디 스킨으로 사용하면 피부 트러블을 줄일 수 있다.

매 화 꽃 초

늦은 겨울의 끝자락에서 누추해진 대지를 한순간 환희로 빛나게 하는 꽃. 아직 눈발이 펄펄 날리는데 저 홀로 청청하여 군자의 덕으로 칭송되는 꽃. 매화를 설명하자면 장황해질 수밖에 없다. 설중매 한 송이는 뭇 시인이나 묵객의 붓 끝에서 한없이 노닐었다. 꽃 피는 것만으로 사람의 정서를 안정시켜주고 감성을 깨워주는 매화는 꽃을 피운 뒤에 열매가 주는 유익도 크다. 이른 봄, 만발한 매화가 질 때면 희고 불그스름한 꽃잎이 눈처럼 쌓인다. 그 꽃잎을 거두어 매화꽃초를 담근다. 떨어진 꽃잎이지만 그 꽃의 향기는 결코 가볍지 않다. 꽃을 만지고 초를 빚어 기다리는 동안 잔잔하게 일어나는 설렘. 계절이 지나간 자리에 매화가 다시 꽃초로 태어났다. 깊고 그윽한 향기가 물방울이 되어⋯⋯

꽃초 만들기

꽃잎을 모아 흐르는 물에 헹구어 청주를 넣은 찜기에 넣는다. 찜기에 김을 올려 10초 정도 쐬인 후 빠르게 식혀 바람에 물기를 말린다.

말린 꽃잎에 생수를 넣고 65℃ 온도에서 5~6시간 동안 매화추출액을 만든다.

매화추출액에 조청과 누룩가루를 넣어 농도 30%의 조청 시럽을 만든 후 유리병이나 적당한 용기에 넣어 25℃ 온도에서 60여 일 동안 발효시킨다.

발효된 매화꽃초는 침전물을 걸러 맑은 상등액만 떠서 유리병에 밀봉 보관한다.

효능

매화꽃초 한 병을 곁에 두면 습도가 높은 무더운 날이나 생체리듬이 깨져 몸이 힘들 때 요긴하게 쓸 수 있다. 신경과민이나 소화불량, 우울증에도 좋으며 기미나 주근깨를 없애는 데에도 효과가 있다.

재료 말린 매화꽃 100g, 생수 1ℓ, 조청 300g, 누룩가루 10g, 청주 100㎖

매화꽃초 사용법

· 매화꽃초의 침전물은 채소나 과일로 샐러드를 만들 때 소스로 활용할 수 있다.

· 매화꽃초를 생수에 1 : 3의 비율로 희석하여 마셔보자. 더위에 지쳤을 때나 음식으로 탈이 났을 때 따뜻한 물에 진하게 타서 한 잔을 마시면 몸에 활력을 되찾을 수 있다.

머 위
꽃 초

4월의 따사로운 봄볕이 대지에 내려앉으면, 아기 손바닥만 한 둥근 잎들이 언덕이나 밭둑에서 지난해의 가을 낙엽을 밀어 올리며 고개를 내민다. 그 어린잎이 채 돋아나기도 전에 작은 봉오리들을 잔뜩 매단 머위꽃송이가 여기저기 피어오른다. 무엇이 저렇게 조급한지 잎보다 먼저 쑥쑥 자라 꽃잎을 열며 부산을 떤다. 봄나물을 뜯기 전에 먼저 봉오리를 따서 된장이나 고추장으로 장아찌를 만들기도 했던 머위꽃을 줄기와 함께 채취하여 뜨거운 김에 살짝 쪄서 한나절 바람과 볕을 쪼여 장만하면 좋은 초의 재료가 된다. 공해나 감기로 인한 가래로 목이 답답할 때 머위꽃초 한 잔은 우리에게 많은 위안을 준다. 오랫동안 민간약으로 쓰이며 반찬으로 애용되기도 했던 머위는 꽃초로 다시 태어나 많은 사람들의 아픔 위에 작은 해결사로 내려앉기를 소망한다.

꽃초 만들기

찹쌀을 2~3시간 불려 고슬고슬하게 밥을 짓는다.

생수에 엿기름가루를 걸러 엿기름즙을 만든다.

용기에 찹쌀밥, 엿기름즙, 꾸들하게 말린 머위꽃을 함께 넣어 65~70℃ 온도에서 5~6시간 동안 삭힌다. 밥알이 삭아서 동동 떠오르면 차갑게 식히고, 누룩가루를 넣어 섞는다.

20~23℃ 온도에서 20여 일 동안 발효시키면 머위꽃 술이 만들어진다. 건더기를 걸러 즙만 따로 30℃ 온도에서 50~60여 일 동안 초산발효를 시킨다.

꽃초가 만들어지면 밀봉하여 서늘한 곳에 보관하며 후숙 기간을 충분히 두어 풍미가 좋아지고 꽃초가 안정되기를 기다린다.

효능

머위꽃은 폐를 이롭게 하는 성분을 함유하고 있어 호흡기질환에 도움을 준다. 진해, 거담 작용을 하며 폐결핵이나 폐농양에 효과가 있다고 알려져 있다.

재료 머위꽃 300g, 찹쌀 500g, 엿기름가루 500g, 생수 5ℓ, 누룩가루 50g

머위꽃초 마시기

· 머위꽃초를 생수와 희석하거나 더덕 차나 도라지 차와 섞어 마시면 폐질환에 도움이 된다.

머위꽃초 찜질법

· 가슴이나 등에 통증이 있을 때 따뜻하게 데운 머위꽃초물에 수건을 적셔 각 부위에 얹어주면 통증 완화에 도움이 된다.

목 련
꽃 초

생명이 순환하지 않는다면 얼마나 지루할까. 메마른 가지 위에 눈부신 꽃으로 다시 피어날 수 있다는 게 우리에게 얼마나 큰 위로인가. 모든 생명체에게 꽃을 피우는 시기는 한 정점이면서 시작을 의미한다. 자신의 존재를 확인하고 보존하려는 치열한 몸부림이기도 하다.

푸른 잎이 움터오기도 전에 손바닥만 한 꽃잎을 피우는 목련을 보노라면, 어느덧 봄볕이 제법 거칠어진 4월을 느낄 수 있다. 봄에는 꽃가루 때문에 괴로운 사람들도 있지만, 그것을 완화시켜주는 목련의 효능을 생각하면 시간을 엮어가는 위대한 손길의 섬세함을 느낄 수 있다. 목련은 아름다운 자태만큼 다양한 증상에 효과가 있는 여러 성분을 품고 있다. 나무 위에서 아름답게 꽃 피우고 그 꽃이 지고 나면 어른 손바닥보다도 큰 잎들이 돋아나 가을까지 푸르다.

목련꽃초 한 병 담아두면 사계절 내내 목련꽃의 그윽한 아름다움을 누릴 수 있을 것이다.

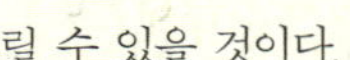

꽃초 만들기

말린 목련꽃을 맑은 물에 헹구어 용기에 담고 생수를 부어 65~70℃ 온도에서 72시간 정도 열수추출한다. 추출액은 목련꽃 특유의 향기로 가득하다.

목련꽃추출액과 흰 밥, 엿기름가루를 섞어 용기에 담고 65~70℃ 온도에서 5시간 동안 당화한다.

당화액을 4ℓ로 농축하여 식힌 후 누룩가루를 배합하여 용기에 넣고 한지로 입구를 봉한 후 22~25℃ 온도에서 30여 일 동안 1차 발효를 시킨다. 시큼한 냄새가 나기 시작하면 27℃ 온도에서 2~3일에 한 번씩 나무 주걱으로 저어주면서 산소 공급을 원활하게 하여 초산균의 활성을 돕는다.

식초가 완성되기까지는 90여 일이 소요되지만 완성된 후 다시 180여 일 정도가 지나야 비로소 완숙된 풍미를 즐길 수 있다.

효능

목련은 이른 초봄 꽃봉오리가 손톱만큼 작을 때부터 4월 초 꽃봉오리가 커질 때까지 비염과 축농증, 감기로 인한 몸살, 혈압 강하, 잡균으로 인한 피부 트러블 등을 치료하거나 완화시켜 주는 약리 작용이 뛰어난 약재다.

재료　말린 목련꽃 50g, 생수 5ℓ, 쌀밥 500g, 엿기름가루 100g, 누룩가루 100g

감기 치료법

목련꽃초를 생수에 희석하여 마시거나, 탈지면에 희석한 식초를 묻혀 콧구멍에 살짝 넣어둔다. 하루에 2~3회 반복하면 환절기에 오는 호흡기질환이나 비염에 효과가 있다.

산 벗
꽃 초

대지가 겨울을 벗고 잠에서 깨어나 부지런히 꽃을 피운다. 4월의 어느 날 문득 산을 바라보면 알록달록하게 치장해놓은 아기방처럼 꿈꾸는 듯 나른한 기운이 온 산에 물감처럼 번져나가는 것 같다. 저렇듯 거대하게 물결치는 이 계절을 꽃 피울 수 있는 나무는 벗나무 외에는 없을 것이다.

남도의 산자락은 언제부턴가 봄이 오면 벗꽃잎으로 잔잔하게 물이 든다. 산새들이 가로수의 버찌를 먹이로 먹고 여기저기 마음껏 배설해놓은 모양 또한 참으로 장관이다. 애써서 심어도 저렇듯 조화롭지는 못할 것이다.

벗꽃은 4월의 어느 날 꿈꾸듯 피었다가 하룻밤 봄비에 꽃비로 내리며 아주 잠깐 우리 곁을 스쳐간다. 이 짧은 인연이 아쉬워 꽃잎을 모아 초를 담아본다. 꽃이 피는 그 잠깐의 아름다움을 한 병의 꽃초로 오래도록 남겨보자. 우리 몸의 구석구석에서 다시 피어날 벗꽃은 결코 4월에만 피는 꽃이 아닐 것이다.

72

꽃초 만들기

봄날의 나른함을 잊고 꽃에 취해 날개 같은 벚꽃잎들을 듬성듬성 따서 흐르는 물에 헹구어 물기를 말린다. 길가에 핀 오염된 벚꽃은 재료로 적당하지 않다.

찹쌀을 2시간 동안 물에 불리고 벚꽃이 꾸들하게 마르면 찹쌀과 함께 고슬고슬하게 밥을 짓는다. 완성된 밥은 개량하여 차갑게 식히고 누룩가루를 섞어 하룻밤 동안 쟁반에 펴놓는다.

용기에 다시 재료를 담고 생수를 부어 한지로 입구를 봉한다. 22~25℃ 온도에서 20여 일 동안 1차 발효를 시킨 후, 즙액을 분리하여 40~50일 동안 2차 발효를 시킨다.

새콤한 산벚꽃초가 만들어지면 침전물을 걸러 맑은 상등액만 밀봉 보관한다. 완성된 꽃초는 나른한 봄에 무력해진 몸과 마음에 활력을 준다.

효능

모임이나 행사가 잦은 계절에 음주로 인한 숙취나 피로가 있을 때 산벚꽃초 한 잔이면 거뜬하게 몸의 상태를 회복시켜준다. 알레르기로 인한 재채기나 기침 완화에도 도움을 주며, 피부의 기미, 주근깨, 검버섯 등에도 효과적이다.

재료 말린 벚꽃 200g, 찹쌀 300g, 누룩가루 50g, 생수 3ℓ

활용
tip

산벚꽃초 세안법

세안 시 헹굼물에 산벚꽃초 1큰술을 섞어 얼굴을 꼭꼭 누르듯 씻어준다. 매일 꾸준히 해주면 잡티 방지나 보습에 도움이 된다.

송 화
꽃 초

바람 잘 날이 많지 않은 바닷가의 곰솔은 투박하고 키도 작달막하여 바위틈에 간신히 뿌리를 내리고 있는 모습들이 많다. 어쩌다 바람에 날려 온 씨앗이 척박한 바닷가 흙에 떨어져 뿌리내린 곳이 바위틈이나 벼랑이기 때문이다.

홀로 거기 서있던 세월이 얼마나 흘렀을까. 5월의 따사로운 햇볕이 바늘 같은 잎 사이를 거닐며 기지개를 켜듯 송화가 피어난다. 비릿한 갯내음을 일시에 정지시키는 송화의 향기는 봄바람에 들뜬 마음을 가라앉힌다. 한 송이 한 송이를 만질 때마다 끈적한 송진이 마치 무언가를 부탁하려는 것처럼 여운을 남긴다. 그렇게 송화를 건네며 그 인연의 의미로 향기도 함께 얹어준다.

"그래. 귀하게 다룰게. 그리고 소중하게 사용할게."

소나무는 푸르디푸르게 웃는다.

5월의 바닷가에서 송화를 따는 날의 마음은 희락으로 가득하다. 그리고 소나무가 딛고 서있는 땅을 바라보면 숙연해진다. 늘 그 자리를 지켜준 고마움 때문이리라. 온 힘을 다해 바위를 붙잡아 자신을 지탱하는 저 소나무의 성실함을 한 방울의 식초에 담고 싶다.

꽃초 만들기

햇볕 아래 깨끗한 천을 펴고 송화를 말려 송홧가루를 털어낸다.

송홧가루에 벌꿀, 누룩가루를 함께 넣어 잘 섞은 후 병에 담아 10일 동안 따뜻하게 둔다. 입구는 한지로 봉하고 그 위에 병뚜껑을 얹어둔다.

다시 병을 열어 생수를 넣어 충분하게 섞이도록 저어준 후 용기에 담아 27~32℃ 온도에서 3개월 동안 발효시킨 후 고운체에 걸러 완성한다.

효능

혈액순환 개선에 좋은 송홧가루는 중풍, 동맥경화, 고혈압, 빈혈, 심장병, 치매, 신경통이나 두통 등에 효과가 있으며 피부 미용과 노화 방지에 좋다. 송화꽃초는 완성된 후에도 솔 내음이 많이 남아 있어 음료로 마시기에 더없이 좋다. 상쾌한 기운을 온 몸 가득 느낄 수 있을 것이다.

재료 송홧가루 100g, 벌꿀 300g, 누룩가루 50g, 생수 500㎖

활용
tip

송화꽃초 음용법

· 송화꽃초와 벌꿀, 생수를 1 : 0.5 : 4의 비율로 섞어 음료를 만들어 마신다.

· 송화꽃초와 간장, 벌꿀을 1 : 1 : 0.5의 비율로 섞어 야채 드레싱으로 활용한다.

아카시아
꽃　　초

아카시아꽃 향기가 대지에 가득하면, 청춘이 아니어도 누구라도 한 번쯤 감성에 흠뻑 젖어 초여름의 청량한 하늘 아래서 잠시 한눈팔고 해찰을 하고 싶어진다. 긴장을 풀어주는 꽃내음.

산길을 걷다 만개한 아카시아나무 아래 서면 한 두 송이 그 꽃을 따고 싶은 마음이 든다. 아카시아나무처럼 그렇게 많은 꽃송이를 매달 수 있는 나무가 또 있으랴. 단내가 풀풀거리는 아카시아의 꽃송이는 벌들에게 최고의 일자리이기도 하다.

눈이 즐겁고 후각도 덩달아 행복해지는 산길에서 아카시아 두 세 송이만 따 오면 금방 근사한 꽃초의 재료가 된다. 대기를 가득 채운 꽃향기 속에는 각종 효소와 효모, 세균, 곰팡이 포자들의 은밀한 탐색이 함께 섞여 흐른다. 미생물의 밀도가 높아지는 5월이나 6월은 꽃초 만들기에 적합한 계절이다. 자연에 의해 술이 되고 초가 되기에 부족함이 없는 온도 유지가 가능하다. 연한 미색을 띠고 달콤한 향기가 솔솔 풍기는 아카시아꽃초는 초여름을 그대로 품고 있어 청량감이 뛰어나다.

꽃초 만들기

아카시아가 만발하기 직전에 꽃송이를 통째로 채취하여 맑은 물로 헹군다.

청주를 넣은 찜기에 꽃송이를 넣고 5초 정도 김을 쏘인다. 꽃송이를 꺼내어 채반에서 부채를 부쳐 빠르게 식혀준다. 이를 3번 반복하여 그늘에서 한나절 꾸들하게 말린다. 이렇게 하면 아카시아꽃의 진한 향을 조절하면서 물에 잘 우러나오도록 할 수 있다.

말린 아카시아꽃을 80℃ 온수에서 5시간 동안 우려내어 추출액을 만든다.

아카시아꽃추출액의 30% 정도의 벌꿀과 누룩가루, 남은 아카시아꽃을 함께 용기에 담고 준비된 추출액을 부어 입구를 한지로 봉한다. 10일이 지나면 2~3일에 한 번씩 흔들어주면서 20일을 더 기다린다.

새콤한 향기가 알코올 냄새와 함께 올라오면 봉했던 한지를 벗겨내고 2겹으로 된 거즈로 갈아준다. 50여 일의 발효 기간을 거치면 은은한 아카시아꽃초가 만들어진다. 종이 필터로 2번 여과하여 즙액만 밀봉 보관한다. 향기가 있는 식초를 보관할 때는 작은 병에 나누어두고 한 병씩 사용해야 산패를 막고 향기를 그대로 보존할 수 있다.

효능

아카시아꽃은 항염, 해독, 소염, 이뇨, 이담 작용을 하며 중이염 치료에 효과가 좋다.

재료　말린 아카시아꽃 500g, 아카시아벌꿀 1.5kg, 생수 5ℓ, 누룩가루 20g

아카시아꽃초 피부관리법

여름철 잦은 샤워로 피부가 건조할 때, 헹굼물에 아카시아꽃초 1큰술 정도를 희석하여 머리에서 발끝까지 문지르듯 헹구면 매끄럽고 촉촉한 피부를 유지할 수 있다.

금은화
꽃　　초

겨울이 깊어가면 들녘이나 산기슭이 고즈넉하다. 거기 노닐던 곤충, 풀잎, 꽃 모두 겨울잠이 들어 북풍의 빗질 소리만 홀로 부산스럽다. 바라보는 것만으로도 숨이 시린 겨울이다. 칼끝 같은 바람이 스쳐가는 밭둑에 지난여름 무성했던 금은화 넝쿨을 보면 그 가느다란 줄기에 드문드문 푸른 잎을 그대로 달고 있다. 최소한의 생존에 필요한 잎을 남기고 나머지 잎을 모두 떨구어낸 가늘고 메마른 줄 안에 생명이 흐른다. 푸른 잎을 지탱하고 있는 저 의지는 무엇일까. 줄기를 꺾어보면, 갈색 메마름 안에 촉촉한 푸른빛이 도도하다. 가늘고 긴 줄기를 통하여 끊임없이 생명의 수액을 퍼 올린 저렇듯 청청한 모습은 강한 의지와 인내를 상징하기에 충분하다.

옛 어른들은 겨울이면 금은화의 줄기를 걷어다 바구니나 반진고리, 삼태기 등을 엮어 멋진 생활 도구를 만들어 쓰셨다. 이제는 바구니를 엮을 어른들도 안 계시고 애틋하게 손때 묻은 도구들도 거의 사라졌다. 예나 지금이나 변함없는 건 금은화뿐이다. 시절이 변하여도 그 속성 그대로 산기슭을 지키며 밭둑을 여미고 있다.

긴 겨울을 이겨내고 잎을 떨구었던 자리에 움이 돋고 잎이 무성해지는 초여름이 되면, 잎 사이사이에 홀쭉한 꽃대를 무리지어 달고 하얗게 혹은 노랗게 은색과 금색의 꽃을 피운다. 겨울을 인내한 줄기 위에 여름을 상징하는 하얗고 노란 꽃이 피었다. 오늘도 그들의 손짓에 기꺼이 화답한다.

꽃초 만들기

꽃이 피기 시작하면 꽃과 잎이 함께 달린 줄기를 10~20cm 크기로 잘라 채취한다. 맑은 물에 헹구어 물기를 뺀 후 그늘에서 건조하여 4~5cm 크기로 잘라둔다.

녹두와 현미를 함께 섞어 하룻밤 동안 불려 밥을 짓고 충분히 식힌다.

생수에 누룩가루를 넣어 누룩물을 만든 후 준비된 금은화를 섞는다. 1시간 정도 지나면 식혀 놓은 밥에 고루 섞어 항아리에 담고 입구를 한지로 봉한다. 그대로 27℃ 온도에서 30시간 정도 둔다.

배양된 재료에 생수를 붓고 나무 주걱으로 천천히 저어 밥알이 뭉치지 않도록 한다. 30일쯤 지나 알코올발효가 끝나면 건더기를 걸러 맑은 액체만 50~60일 동안 따뜻한 곳에서 초산발효를 시킨다.

효능

금은화를 꽃초로 만들어 복용하면 흡수율을 높여 효과가 극대화된다. 콜레스테롤 수치를 낮추고 탈모 방지 및 치료, 해열 작용, 감기로 인한 증상 완화, 피부염증성질환 개선, 여드름 등에 효과가 크다. 또 신장 기능이 약하여 자주 붓는 증상을 완화시켜준다.

재료 건조한 금은화(꽃이 피기 시작한 잎줄기) 100g, 녹두 100g, 현미 300g, 누룩가루 60g, 생수 500㎖

금은화꽃초 화장수 만들기

금은화꽃초와 정제수를 1 : 10의 비율로 희석하여 화장수를 만들고 하루에 한 두 차례 발라준다. 금은화꽃초는 피부의 각질을 녹여 피부를 매끄럽게 하고 보습 효과가 있어 피부 건조를 막아준다.

금은화꽃초로 족욕하기

따뜻한 물에 금은화꽃초를 3~5%의 비율로 희석하여 20~30여 분 동안 발을 담그면 숙면에 도움을 줄 수 있다.

장미
꽃 초

아름다움은 겨루는 것이 아니라 지니는 것이다. 이 땅 위에 피고 지는 어느 꽃 하나 아름답지 않으랴. 그러나 장미는 오랫동안 그 향기와 자태를 뭇 사람들에게 칭송받아왔다. 5월의 그 환한 웃음을 누군들 그냥 지나칠 수 있겠는가. 그 향기 앞에 어떤 후각인들 초연하겠는가.

장미꽃을 약이나 음료, 음식으로 사용해온 것은 3천여 년의 긴 역사를 가지고 있다. 야생화였던 장미는 히포크라테스, 플리니우스 등 고대의 약리학자들에 의해 꽃으로서의 가치에서 약리적 존재로 부각되었다.

파리왕립약초원의 연구원인 피에르포메는 『약의 역사』에서 "장미가 없었더라면, 의약의 역사가 달라졌을 것"이라 말하고 있다. 장미는 절세미인이었던 양귀비나 클레오파트라의 아름다움을 유지하는 재료 중 하나였을 뿐 아니라, 한의학에서는 군자약으로 불려진다. 『본토강목』, 『식물본초』, 『본초비요』 등에는 장미의 의학적 효능이 기록되어 있다.

장미는 굳이 꽃을 따지 않아도 꽃잎이 두터워 꽃이 지고 난 후 떨어진 꽃잎을 모아 초나 차를 만들어도 향기나 빛깔이 온전하다. 붉은 장미나 흰 장미 그 어느 것이든 한 잎 한 잎 모아서 예쁜 병에 담아 발효를 지켜보면 마음에 이는 기쁨이 한량없다. 보는 즐거움에서 마시고 바르는 기쁨에 이르기까지 장미의 긴 여정에는 마침표가 없다.

꽃초 만들기

장미의 꽃잎을 한 장 한 장 낱장으로 손질하여 준비한다. 연한 식초물에 잠깐 담근 뒤 그 물에 헹구어 건진다.

맥아즙에 벌꿀, 누룩가루를 고루 섞어서 꽃잎과 혼합한다. 유리병에 담아 한지로 밀봉하여 뚜껑을 살짝 올려놓은 뒤 25℃ 온도에서 20여 일 동안 둔다.

꽃잎에서 충분하게 색깔과 향이 추출되면 꽃 건더기를 건져낸다. 유리병을 조금 더 따뜻한 곳으로 옮겨 40~50여 일 동안 발효 기간을 거치면 멋진 장미꽃초가 완성된다.

효능

장미는 인류의 역사에서 많은 역할을 해왔다. 특히 고유의 향기와 색깔은 우울한 사람들에게 기쁨이 되었으며, 꽃잎의 즙은 전염병을 막고 불안한 정서를 안정시켰다. 에스트로겐과 비타민 C, 비타민 A 등을 함유하여 수많은 여성들의 피부 미백, 보습, 주름 방지 등에 많은 공헌을 했고 기억력을 향상시키는 효과가 있다.

재료 장미꽃잎 200g, 벌꿀 400g, 누룩가루 20g, 맥아즙 2ℓ

장미꽃초 차 마시기

완성된 장미꽃초를 따뜻한 벌꿀물에 희석하여 마시면 상쾌한 기분과 함께 집중력이 생긴다.

장미꽃초 피부관리법

욕조에 따뜻한 물을 받아 장미꽃초 반 컵을 넣고 30분간 몸을 담그면, 각질 제거와 함께 부드러운 피부를 유지할 수 있다.

제비꽃
꽃 초

봄은 한 자루의 붓인가 보다,

봄비가 지나간 산천에 실타래 같은

연초록 물감으로 붓질을 하고 군데군데

분홍, 보라, 노랑의 꽃으로 점을 찍어

기나긴 겨울을 지내온 모두를 위로한다.

야트막한 산기슭 어린 쑥 사이로 낯익은

연보랏빛 꽃이 무리지어 피어 있다.

꽃말처럼 겸양이 깃든 순진무구한 사랑을 찾아

저렇듯 곱게 피었을까. 여린 잎 사이 실낱같은 줄기를 뻗고

가녀리게 달려 있는 꽃잎을 들여다보노라면, 제비꽃에 얽힌 이야기들이 생각난다.

예부터 강남에서 제비가 돌아올 때쯤 꽃을 피워 제비꽃이라 불렀다고 한다.

산과 들에 온갖 화려한 꽃들이 만발할 때 양지 언덕이나 기슭에 잠깐 수줍게 꽃을 피우고

말없이 봄을 건네주었던 제비꽃. 그 꽃을 기다리는 이들이 있었다.

밭둑이나 논둑, 산길 어디에서나 만날 수 있었던 이 풀꽃은 가난한 백성들의 응급약으로 쓰였다.

나물 캐는 아낙네나 약초꾼, 가난하여 약방에 갈 수 없었던 이들에게 자신을 아낌없이 주어

큰 유익이 되었던 제비꽃은 전 세계에 200여 종이나 되고 우리나라에 자생하는 꽃이 30여 종이다.

몇 가지 종류를 제외하면 산속 낙엽 더미나 바위틈 같은 곳에서 발견할 수 있다.

연자주색, 흰색, 분홍색, 노란색에 이르기까지 색상도 다양한 편이다.

봄이 시작되면 산길에서 두리번거리며 찾게 되는 제비꽃은 몇 포기씩 무리지어 피기도 한다.

이때 몇 포기씩 뿌리째 캐다 보면 꽃초 한 병 담글 만큼의 양을 얻을 수 있다.

꽃초 만들기

제비꽃 전초를 뿌리 쪽에서부터 조심스럽게 세척하여 꽃 부분은 마지막에 헹구어준다. 바람이 통하는 그늘에서 꽃잎을 3~4일간 말리고 물에 불린 현미와 함께 고슬고슬하게 밥을 짓는다.

충분하게 뜸 들인 밥을 넓은 채반에 펴 식힌 후 누룩가루를 섞는다. 채반에 누룩가루 섞은 밥을 1cm 두께로 고루 펴고 그 위에 면포를 덮어 제비꽃밥에 누룩균이 충분하게 배양되도록 27~30℃ 온도에서 2~3일 동안 둔다.

옹기 단지나 유리병에 배양된 제비꽃밥을 넣고 생수를 부어준다. 22~25℃ 온도에서 25일간 1차 알코올발효를 시킨다. 약주를 좋아하시는 분은 제비꽃 술의 매력에 빠지겠지만 초까지의 여정은 아직 멀었다.

술로 완성된 제비꽃밥을 건더기와 액체로 분리하여 27℃ 이상 되는 온도에서 초를 안치고 용기를 관리한다. 초 냄새가 나기 시작하면 2~3일에 한 번씩 나무 주걱으로 저어주면서 산소 공급이 원활하게 이루어지도록 한다.

60여 일이 지나면 맑은 상등액이 생기고 향긋한 제비꽃꽃초가 모습을 드러낸다. 많은 양이 아닐 때는 침전물을 따로 걸러내지 않고 전체를 활용하면 좋다.

효능

제비꽃은 각종 염증질환을 치료하고 신장과 간장질환의 치료제로 쓰이며 암세포의 발육을 억제하고 장염이나 위염 증상을 개선시킨다. 또 항균, 항염, 소염 작용을 하며 여드름이나 피부질환에 도움이 되고, 불면증이나 변비, 기침, 가래, 설사를 치료한다. 관절염이나 황달, 유방암, 후두암, 췌장암을 예방하며 청혈, 해독 작용을 하는 것으로 알려져 있다.

재료 제비꽃 전초 500g, 현미 300g, 누룩가루 70g, 생수 2ℓ

제비꽃꽃초 마시기

바나나 1개, 제비꽃꽃초 30ml, 양배추즙 100ml를 함께 믹서하여 식사 전이나 중간에 마신다. 자주 마셔주면 불면증이나 변비 증상을 개선시켜준다.

치자꽃
꽃초

7월의 대기는 몽환적 냄새들로 가득하다. 로맨틱하고 달짝지근한 식물들의 발정기에는 벌과 나비를 부르는 소리 없는 외침이 꽃향기가 되어 산골짜기나 들판, 바닷가 절벽이나 계곡의 벼랑 끝까지 지천으로 넘쳐난다. 충분하게 성장한 식물들의 줄기나 잎, 꽃 등이 역동적인 기운으로 흐를 때 문득 코끝에는 뚜렷한 존재감을 나타내는 향기가 날아든다.

"어머 치자꽃이 벌써 피었나."

거부할 수 없는 매혹적 향기와 자태, 눈처럼 흰 꽃잎이 결국 칭칭 동여맨 치마 끝을 풀게 만들었다. 아침부터 벌과 나비와 벌새까지 온갖 날갯짓으로 꽃을 애무한다. 가느다란 다리와 더듬이를 움직일 때마다 치자꽃 향기는 진하게 피어오른다. 누가 저 자연을 거스를 수 있을까. 숨결을 따라 치자꽃 향기가 폐부 깊숙이 숨어든다.

그렇게 잠깐 7월의 더운 바람에 스치듯 꽃이 진다. 꽃봉오리가 열린 지 2~3개월이 지나면 그토록 청초했던 자태도 사라진다. 뚝뚝 떨어진 꽃잎이 밟힐세라 한 송이 한 송이 주워 담으며 향기를 맡아본다. 제 역할을 다하고 낙화가 되었어도 도도하게 향기가 흐른다.

꽃초 만들기

치자꽃을 흐르는 물에 맑게 헹구어 채반에 받쳐 물기를 충분하게 뺀다.

중간 크기의 배를 준비하여 껍질과 씨방, 씨앗을 제거한 후 1cm 두께로 납작하게 썬다.

준비된 치자꽃과 배, 누룩가루, 벌꿀을 고르게 섞어 유리병에 담는다.

27℃ 온도에서 30여 일이 지나면 건더기는 건져내고 액체만 60일 동안 발효시킨다. 발효가 진행되는 동안 초산균이 형성되는데, 초산은 수많은 유기산과 아세트산을 생성하여 새콤하고 향기로운 치자꽃꽃초를 만들어낸다.

효능

치자꽃꽃초는 우울증을 완화시키고 잠 못 이루는 밤, 숙면의 세계로 이끌어준다. 또 여러 가지 염증성질환을 완화시키고 지혈 작용이나 해열 작용이 있으며 치통을 진정시키는 효과가 있다.

재료 치자꽃 500g, 중간 크기 배 3개, 누룩가루 20g, 벌꿀 400g

활용 tip

치자꽃꽃초 족욕하기

대야에 발목이 잠길 정도의 따뜻한 물을 담아 치자꽃꽃초 50ml 정도를 섞어 30분 동안 발을 담근다. 불면증이나 우울증 때문에 심신이 지쳤을 때 회복의 효과가 있다.

치자꽃꽃초 마시기

대추씨 달인 물과 치자꽃꽃초를 1 : 4의 비율로 희석하여 저녁 시간에 마신다.

감 꽃
꽃 초

세월이 많은 것을 변화시켜 강산의 모습도 사람들의 정서도 달라졌지만 감꽃이 피는 계절은 어김 없이 찾아와 초췌해진 우리들의 정서를 노크한다. 시골에서 태어나 감나무 아래 태를 묻고 자란 사람들이 자연으로 돌아가고 이제 일부만이 남아 애잔한 눈으로 늙은 감나무를 바라본다. 울타리 안에 감나무 한 두 그루씩 있었던 풍경들은 이제 찾아보기 힘들다. 잎이 돋고 꽃이 피어 감이 자 라고 익어가던 그 봄과 여름 그리고 가을은 어쩌다 가끔 시골길을 걷다 만나게 되는 귀한 풍경이 되었다. 그럼에도 감꽃이 피면 감나무 아래 서성이며 떨어진 감꽃을 줍고 그 꽃을 갈무리하여 차 도 만들고 초도 만들어 불안해진 정서를 안정시키며 다시 돌아갈 수 없는 시간들을 회상한다. 초 여름 새로 돋아난 잎과 그 잎 사이사이 노오란 종기처럼 꽃을 달아 존재를 알리는 감나무 한 그루 그늘 아래서 여름을 만난다.

꽃초 만들기

감꽃꽃초는 꽃과 잎을 함께 사용한다. 감꽃, 채 썬 감잎, 생수, 누룩가루, 조청을 고르게 섞어 용기에 넣고 27℃ 온도에서 발효시킨다.

일주일이 지나면 하루에 한 번씩 나무 주걱을 사용하여 저어준다.

60여 일이 지나면 건더기와 즙액을 분리시켜 유리병에 담아 후숙시킨다.

충분하게 후숙되어 자연 침전이 완료된 상등액을 유리병에 넣어 밀봉 보관한다.

효능

감잎이나 꽃에는 비타민 C나 플라보노이드 등 항산화물질이 많다. 이렇듯 유익한 성분들은 피로 회복, 면역력 증강, 혈액 정화, 집중력 향상, 항암 작용 등이 뛰어나다. 감꽃꽃초는 노화 방지, 골다공증 예방, 비만 개선, 혈전 용해 등에 탁월하여 우리의 건강을 지켜주는 특별한 약으로 활용할 수 있을 것이다.

재료 감꽃 200g, 채 썬 감잎 100g, 생수 2ℓ, 누룩가루 30g, 조청 300g

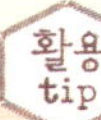

감꽃꽃초 세제 만들기
감꽃꽃초를 후숙시킬 때 얻은 침전물을 주방 세제로 사용하면 효과가 좋다.

감꽃꽃초 요리 활용법
생선, 해물 조리 시 감꽃꽃초를 넣어 사용하면 음식의 풍미가 좋아진다.

골 담 초
꽃   초

우리 삶에 5월이 비켜간다면 어떠할까. 담장 옆이나 뒤뜰에 피어 있는 골담초꽃을 보면서 문득 생
각해본다. 가시 달린 가지를 가늘게 늘어뜨리고 겨우내 기다림에 지친 모습으로 서있던 골담초가
마치 크리스마스트리를 연상하게 하는 작은 버선 모양의 꽃봉오리들을 가지가 늘어지도록 매달고
서서 5월을 한껏 5월답게 장식한다.

골담초꽃은 화려하진 않지만 소담하고 사랑스럽다. 중부 이남의 해안가나 산기슭을 배경으로 태어
난 사람들의 추억 속에는 어린 시절 한 두 번 골담초꽃을 따서 달짝지근한 꽃물을 빨아먹던 기억
들이 남아 있다. 길어진 봄 어느 날, 골담초꽃을 따서 꽃 설기를 가마솥 밥 위에 얹어 쪄주셨던 할
머니. 봄볕이 짙어지고 골담초꽃이 담장 여기저기 피어오르면 바람처럼 찾아온 그리움 하나를 꽃
곁으로 부른다.

바구니에 한 잎 한 잎 꽃잎을 줍는다. 위가 약하여 늘 고생하는 남편과 계절이 바뀔 때마다 몸이
가려운 증상이 있는 또 다른 가족, 약간의 혈압이 있는 내 자신을 위해 골담초꽃을 따다가 초를 빚
어본다.

88

꽃초 만들기

골담초꽃을 청주에 적셔 찜기에 넣고 10초 정도 잠깐 찐 후 차갑게 식혀 반나절 건조하여 준비한다.

찹쌀밥에 맥아즙을 넣고 65℃ 온도에서 5~6시간 동안 삭힌 후, 총량이 2.5ℓ가 되도록 달여 차갑게 식힌다.

준비된 꽃잎과 차갑게 식힌 맥아즙에 누룩가루를 고루 섞어 용기에 담는다. 25~27℃ 온도에서 60여 일 동안 발효시킨 후, 즙액과 건더기를 분리하여 다시 자연 침전시키고 맑은 상등액만 담아 밀봉 보관한다.

효능

천연발효식초는 후숙 기간을 거치는 동안 맛이 부드러워지고 풍미도 좋아진다. 특히 골담초꽃초는 색이나 향, 풍미가 뛰어나 그 쓰임새가 다양하다. 위장 보호, 혈압 조절, 통증 완화, 가려움증 해소, 기침, 류마티스 등에 좋다. 예부터 민간에서 유용하게 쓰였던 까닭에 어떤 식물보다 안전하다.

재료 골담초꽃 300g, 찹쌀밥 1kg, 맥아즙 3ℓ, 누룩가루 50g

골담초꽃초 요리 활용법

골담초꽃초의 침전물은 따로 샐러드드레싱이나 생선 요리에 넣어서 쓰면 좋다.

골담초꽃초 화장수 만들기

아토피나 알레르기성 피부질환에 생수와 골담초꽃초를 10 : 1의 비율로 희석하여 바르면 효과가 있다.

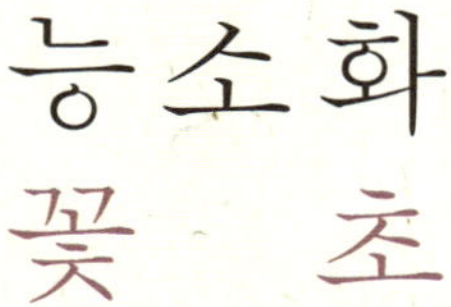

능소화
꽃 초

7월의 대기는 식물들의 몸 내음으로 가득하다. 모든 씨앗이 잎을 내고 꽃을 피우는 계절, 태양은 맘껏 에너지를 뿜어내어 모든 살아 있는 것들의 축제를 독려한다. 짙은 향연의 계절, 덩굴이 무성한 담장 위에 화사함을 지나 슬프도록 아름다운 꽃송이들이 무리지어 달려 있다. 담장 아래 싹을 틔우고 잎을 내어 줄기를 만들고 담장 밖 세상에 자신의 존재를 드러내는 능소화는 원산지가 중국으로 알려져 있지만, 우리나라에 들어온 기록이 워낙 오래여서 이미 우리 꽃이 되었다. 옛적에는 서민이 이 꽃을 키우다 발견되면 벌을 받았다고도 전해지며 '양반화'라는 이름으로도 불려졌다.

전설 속의 능소화는 슬픈 내력을 지닌 꽃이기도 하다. '소화'라는 궁녀가 단 한 번 임금의 사랑을 받아 평생을 기다림으로 살다가 상사병을 얻었다. 죽으면서 "시신을 담장 아래 묻어 달라"는 말대로 했더니 담장 아래서 싹이 나고, 긴 줄기를 하염없이 뻗어 높은 담장 위에 이르러서는 처연하게 아름다운 꽃을 피웠다고 한다. 혹 담장 위에서나마 사랑하는 사람을 볼 수 있을까 하는 소화의 넋이 꽃으로 화하였다 하여 능소화라는 이름으로 불리는 이 꽃은 질 때도 통째로 툭툭 떨어진다. 꽃송이를 모아 다시 한 번 누룩꽃을 피워보자.

꽃초 만들기

꽃송이를 농도 1%의 연한 식초물에 10여 분간 담그고 그 물에 헹구어 물기를 뺀다. 청주를 넣은 찜기에 능소화를 넣고 찌고 말리기를 3회 정도 한 뒤 그늘에서 3일간 말린다.

말린 능소화를 80℃ 온수에서 10여 시간 동안 우려낸다. 보통 5회 정도 우려낸 물을 합하여 쓴다.

찹쌀은 씻어 10시간 정도 충분히 불리고 능소화 우린 물을 넣어 고슬고슬하게 밥을 짓는다. 지은 밥은 차게 식힌 후 밥의 5%만큼의 누룩가루를 섞어 채반에 2cm 두께로 편다. 그 위에 면포를 씌워 30℃ 온도에서 24시간 동안 둔다.

표면에 하얗게 백곡균이 피어나면 항아리에 담고 능소화 우린 물을 2배 정도 부어준다. 한지로 밀봉하여 25℃ 온도에서 15일 동안 알코올발효를 시킨 후, 27~30℃ 온도에서 50여 일간 초산발효를 시킨다.

7~8월의 온도는 따로 가온을 하지 않아도 꽃초가 되기에는 충분하다. 다만 술이 만들어지는 15일 동안은 서늘한 곳에 두어야 한다. 초산발효가 끝나 완성된 꽃초는 맑게 걸러 따로 후숙 기간을 충분하게 두면 풍미가 뛰어난 천연식초가 만들어진다.

효능

능소화꽃초는 청혈에 효과가 좋아 지방간이나 만성피로, 피가 탁하여 생긴 피부 트러블에 도움을 준다. 꽃초는 우리의 건강을 지켜줄 뿐만 아니라 꽃을 다루고 발효 과정을 거치는 동안 정서적 안정감과 평화로움을 덤으로 얻게 된다. 삶이 균형을 잃어 속도 조절이 필요할 때 꽃초를 담아보면 뛰지 않고 천천히 걸어도 결국 도달하는 곳은 같음을 알게 된다.

재료　말린 능소화 500g, 찹쌀 1kg, 식초 1큰술, 청주 100㎖, 누룩가루 100g, 생수 7ℓ

꽃 손질 시 주의사항

능소화꽃을 손질할 때 꽃술은 제거해주는 것이 좋다. 꽃술에는 약간의 독이 들어 있어 꽃을 손질한 후에 손을 씻지 않고 눈을 만지면 해롭다.

다알리아
꽃   초

여름의 다알리아는 태양의 분신처럼 눈부시다. 다소
곳함이나 소박함과는 거리가 멀어 보이는 꽃송이는
발랄하고 당당함으로 꽉 차 있는 듯한 느낌을 받
는다. 빼곡하게 들어차 있는 꽃잎들은 보라색,
자색, 분홍색 등 가지각색의 화려함으로 여름 화단
에서 그 자태를 뽐낸다. 꽃송이가 갓난아기의 얼굴만큼
큰 것도 눈에 띈다. 그러함에도 그 꽃피움의 과정을 알기에
대견스럽고 어여쁘다.

겨울 동안 다알리아의 알뿌리는 화단의 흙 속에서 무던히도 견
뎌내어 늦은 봄 싹을 틔웠다. 장맛비에 잎을 키우고 가지를 벌려 무더위 속에서 꽃
피울 준비를 하여 여름이 기울어가는 8월 어느 날 활짝 꽃을 열었다. 해마다 다알리아꽃이 피
면 여름이 지나고 있음을 알아차린다. 아직 햇볕이 거칠어도 다알리아가 화단에서 웃으면
가을의 시작이다. 철따라 꽃이 피고 지지만 어느
계절인들 꽃들을 그냥 보낼 수 있으랴. 다알리아
몇 송이를 조심스레 꺾어본다. 따뜻한 계절에는 따
로 온도를 관리하지 않아도 자연스럽게 초가 만들어
진다. 초 한 병의 가치는 그것을 만드는 자 외에 아무
도 값을 매길 수 없다. 시간의 결을 따라 초가 익어가는
동안 우리는 잠시 숨 고르기를 한다. 삶을 쪼개어 음미할
때 진하게 가슴의 진동판이 울린다.

꽃초 만들기

다알리아 꽃송이는 3% 농도의 식초물에 5~6분쯤 담갔다가 그 물에 세척하여 물기를 거둔다.
수박 속살과 누룩가루, 벌꿀을 섞은 후 갈아서 거즈에 걸러 즙액을 준비한다.

유리병에 다알리아 꽃송이를 넣고 꽃이 잠길 만큼 즙액을 부어준다. 입구를 한지로 봉하여
두고 병에 담긴 꽃송이를 감상하면서 가끔씩 흔들어준다.

다알리아는 화려하고 큰 송이를 병 안에서조차 거침없이 살랑거리며 아름다운 분위기를 연
출한다. 발효가 진행되면서 다알리아의 색깔도 차츰 변색되기 시작한다. 생수나 다른 당을
첨가하지 않고 여름 과일즙을 활용하여 꽃초를 담그면 과일 향과 어우러져 독특한 맛을 지
닌 천연식초가 만들어진다.

효능

다알리아꽃초는 소염 작용, 이뇨 작용을 하며 치통을 완화시키고 피부 진정에 도움이 된다.

재료 다알리아꽃 3송이, 수박 속살 500g, 벌꿀 200g, 누룩가루 20g

활용
tip

증상별 다알리아꽃초 활용법

· 여름철 땀을 많이 흘려 소변이 원활하지 못할 때, 생수와 다알리아꽃초를 5 : 1의 비율로 희석하여 마
  시면 도움이 된다.
· 피로로 인하여 잇몸이나 치아에 통증이 있을 때, 따뜻한 물에 다알리아꽃초를 1 : 3의 비율로 희석하
  여 3분 정도 입안에 머금기를 여러 번 반복한다.

라 일 락
꽃   초

이 세상 어느 누군들 청춘 없이 왔으랴. 라일락의 꽃말이 '젊은 날의 추억'이듯 라일락 향기는 그 젊은 날의 정점을 지나온 모두에게 아련하고 애틋한 정서로 남아 있다. 라일락은 '수수꽃다리'라는 순수 우리말로도 불려진다. 수많은 꽃들이 제 각각 색깔과 향기를 가지고 존재하지만 라일락은 남녀노소 누구에게나 달콤한 낭만과 은은함을 느끼게 하는 향기로 말하는 꽃이다.

라일락은 5월부터 6월 사이에 원추화서형의 꽃자루에서 자색의 꽃을 피운다. 꽃의 향기를 한 병의 초에 담아 꽃이 지는 쓸쓸함 뒤에도 오래도록 향기의 여운에 취해보자.

꽃초 만들기

꽃이 만개하기 전 한 두 잎 피기 시작할 때 송이째 따서 꽃잎들을 모두 따낸다. 깨끗한 물에 자연초를 조금 떨어뜨려 2~3분 정도 담갔다 건져내어 물기를 뺀다.

중간 크기의 배를 씨방과 씨앗을 제거하고 껍질을 벗긴 후 라일락꽃과 누룩가루, 벌꿀을 고루 섞어 모든 재료와 혼합하여 적당한 용기에 담아 25℃ 온도에서 놓아둔다.

40여 일이 지나면 배와 꽃이 어우러져 맑은 액체가 생기며 꽃과 배는 위로 떠오르게 된다. 이때부터는 2~3일에 한 번씩 나무 주걱으로 부드럽게 저어주면서 향기로운 초산이 생성되기를 기다린다.

새콤한 초 냄새가 나기 시작하면 거즈로 걸러 맑은 액체만 따로 2차 발효를 시킨다. 50여 일이 지나면 취향에 맞게 사용할 수 있다.

효능

천연식초는 유기산의 보고다. 혈액을 정화하여 피로 물질이 쌓이는 것을 막아준다. 특히 라일락꽃초는 불안할 때나 긴장될 때 진정 효과가 있으며, 식욕이 없고 우울할 때 사용하면 좋다. 현대인들이 겪는 압박과 스트레스로 인한 심장 쇠약 증세를 다스리는 데에도 라일락꽃초의 도움을 받는다. 벌꿀을 가미하여 만든 꽃초는 익어가는 동안에도 음료로 마실 수 있어 조금 많은 양을 만들어도 충분하게 활용된다.

재료 라일락꽃 1kg, 중간 크기의 배 2개, 누룩가루 1큰술, 벌꿀 400g

라일락꽃초 요리 활용법

· 라일락꽃초는 음료로 마시거나 드레싱으로 활용하면 좋다.
· 생 청국장을 칼로 다져서 라일락꽃초와 벌꿀이나 조청을 가미하여 샌드위치나 쌈, 비빔국수 등에 얹어 먹으면 상큼한 맛과 영양을 고루 섭취할 수 있다.

메 꽃
꽃 초

4월의 햇살이 자애로움으로 흙 깊숙이 빗질을 하나 보다. 희고 연한 뿌리 끝에 초록이 달리고 뜨개실처럼 토실한 줄기가 미처 잎을 달기도 전에 먼저 나왔다. 메꽃은 6~7월에 연한 붉은색 꽃을 피운다. 그 여린 모습은 가냘프게 보이지만 메꽃이 품고 있는 속성은 예부터 많은 사람들의 사랑을 받아왔다.

메꽃은 전초를 식용할 수 있으며 혈당과 혈압을 조절하고 기미와 검은 피부를 개선하는 미용제이며 비뇨기계 질환에도 도움을 준다. 동의보감에는 '기를 늘려 허약한 것을 보한다'고 했다. 메꽃의 뿌리는 '속근근'이라 부른다. 그 이름이 말해주듯 각종 근육질환을 치료하는 데 도움을 준다. 이토록 다양한 이로움을 품은 꽃이기에 '미초'라 불리기도 한다. 특히 여성질환인 요실금이나 배가 차가운 증상을 개선하는 효과가 있다. 메꽃은 꽃뿐만 아니라 줄기, 잎, 뿌리까지 사용하므로 뿌리는 잘게 썰어 잎이나 줄기와 균형에 맞게 준비한다.

꽃초 만들기

메꽃 전초를 캐내어 맑은 물에 세척한 뒤 청주를 적셔 김이 오른 찜기에 10초 정도 넣어 숨을 죽이고 그늘에서 한나절 말린다.

찹쌀밥, 누룩가루, 엿기름가루를 고루 섞어 용기에 담는다. 24시간이 지나면 그 위에 생수를 부어 25℃ 온도에서 발효시킨다.

1주일이 지나면 하루에 한 번씩 저어주며 50여 일이 지나면 건더기를 걸러 즙액만 후숙시킨다. 침전물이 가라앉으면 맑은 상등액만 유리병에 담아 밀봉하여 서늘한 곳에 보관한다.

효능

대기가 미세먼지 등으로 오염이 심할 때는 외출 후 메꽃꽃초를 희석시킨 물로 목을 헹군다.
자기 전에 메꽃꽃초를 물에 타서 한 잔 마시면 피로감을 훨씬 줄일 수 있다.

재료　메꽃 전초 500g, 찹쌀밥 500g, 누룩가루 70g, 엿기름가루 30g, 생수 2.5ℓ

메꽃꽃초 화장수 만들기

메꽃꽃초의 쓰임새는 다양하나 미용수로 쓸 수 있는 대표적인 꽃초 중 하나이다.
끓여서 식힌 물과 메꽃꽃초를 10 : 1의 비율로 섞어 샤워 후, 몸과 얼굴 전체에 스킨처럼 발라준다.

박 하
꽃 초

박하는 이미 우리 생활 속에서 차, 과자, 사탕, 껌, 음료
등에 널리 쓰이고 있어서 그리 낯설지 않다. 요즈음에는
화단이나 화분에 박하를 기르는 사람들도 많다. 박하
의 주성분인 멘톨이 주는 청량감이 뛰어
나기도 하지만 향기 성분에 들어
있는 기능성물질도 이로운 것
들이 많기 때문에 약용식물
로도 자리매김되었다. 박하
는 중국 옛 지명 '소주'에서
생산되는 것을 으뜸으로 쳤으며 그리스신화에도 등
장할 만큼 오랫동안 전 세계인들의 약재와 음식으로
두루 쓰였다.

내 몸이 보내는 신호는 항상 여러 증상으로
나타난다. 한 알의 약으로 간단하게 해결
할 수도 있겠지만, 스스로에게 차 한
잔 대접하고 숨 한 번 크게 쉬어보자. 그리고
몸이 느끼는 충만함으로 꽃초를 담그는 기쁨에
동참하자. 박하꽃초를 만들기 위해서는 생 박하나
마른 박하 중 하나가 필요하다. 생 박하를 활용
하여 초를 담그는 방법을 알아보자.

꽃초 만들기

생 박하를 깨끗하게 세척하여 3~4cm 크기로 잘라둔다.

생수를 끓여 박하를 넣고 5분 정도 더 끓인 후 불을 끄고 식을 때까지 그대로 둔다.

식은 박하물에 벌꿀과 누룩가루를 골고루 섞어 충분하게 저어준 후 용기에 담는다. 그 안에 저민 생강을 넣어 한지로 밀봉한다.

박하가 돋아나 꽃피는 계절이 7~9월임을 감안할 때 온도 관리는 특별하게 하지 않아도 27~30℃가 유지되므로 자연발효가 가능하다. 박하의 향과 매운 맛, 벌꿀의 풍미가 더해져 고급스럽고 매력적인 맛의 박하꽃초가 만들어질 것이다.

박하꽃초가 완성되는 시간은 대략 90여 일 정도지만 좋은 명초를 만들려면 6개월 정도 후숙 기간이 필요하다. 발효가 진행되는 동안 관심 있게 지켜보며 이상 발효가 발생하지 않도록 한다.

마른 박하를 사용할 경우

따뜻한 물에 마른 박하를 2~3번 씻어내고 80℃ 온수에 하룻밤 담가 충분하게 추출하여 생 박하와 같은 방법으로 초를 담근다.

효능

박하의 효능은 다양하지만 특히 항염, 소염, 해열, 눈의 피로나 두통의 완화, 담즙 분비 촉진, 호흡기의 점액 분비 증가 등에 효과가 있어 치료제로 쓰인다. 요리나 음료에 다양한 첨가제로 활용하기 위해 꽃초를 만들어도 좋다. 천연식초는 가장 빠르게 몸에 흡수되는 장점을 가진 완벽한 발효식품이다.

재료 박하 50g, 벌꿀 500g, 누룩가루 30g, 생수 2ℓ, 생강 2쪽

박하꽃초 차 마시기

기압이 낮아 눈의 피로가 심하고 머리가 무거울 때, 따뜻한 박하꽃초 한 잔의 역할은 아주 크다. 감기로 인한 여러 증상에는 따뜻하게 데운 물에 레몬 1쪽을 넣고 꽃초 1큰술을 넣어 마시면 큰 도움이 된다.

엉 겅 퀴
꽃   초

'가시나물'이라고 불리는 엉겅퀴는 지방에 따라 재미있는
이름들을 많이 가지고 있다. 고양이 형상이라 하여 '묘계'라 하기도 하
고, 소 주둥이를 닮았다 하여 '우구지', 닭 벼슬 모양이라 하여 '계향초', 들
에 붉게 핀다 하여 '야홍화' 등. 엉겅퀴가 자라는 모습을 보면 이 모
든 이름에 걸맞는 모양새를 갖추고 있다는 생각이 든다.
4월 어느 날 들판에 나가보면 여기저기
앙증맞은 모양새의 어린 엉겅퀴를 만날 수
있다. 땅 위에 잎을 내면서부터 가시를 달고 까
칠하게 굴지만 그 어린잎은 향기로운
나물의 재료로 쓰인다.
5월을 지나 장마가 시작되면 훌쩍 자란 엉겅퀴가 한
송이 두 송이 꽃을 피우기 시작한다. '야홍화'라는 이
름이 가장 잘 어울리는 꽃 엉겅퀴는 들길이나 산기슭, 밭둑 어디서
든 멀리서도 눈에 띈다. 가까이 다가가 보면 잎 끝마다 잔뜩 가시를 달고 있지
만 주변에는 벌이나 나비가 모인다. 꽃송이를 만져보면 끈적이는 느낌이 여느 꽃과는
다르다. 빛나는 계절 산기슭에서 붉은 꽃송이를 따는 행복을 마다
할 리 없다. 활짝 핀 것을 피하여 필요한 만큼 꽃을
얻는다. 엉겅퀴는 한 그루에 여러 송이를 꽃 피
우므로 엉겅퀴가 자손을 퍼뜨리는 데 방해
가 안 될 만큼을 따서 준비한다.

꽃초 만들기

엉겅퀴꽃은 따오자마자 청주에 적셔 찜기에 쪄야 한다. 몇 시간 그대로 두면 저 혼자 꽃을 피워 쓸 수가 없게 된다. 꽃 손질은 그대로 찜기에 쪄서 꾸들할 정도로 말리면 끝난다. 하지만 뿌리와 함께 쓰고자 할 때는 따로 손질하여야 꽃이 흐트러지지 않는다.

뿌리는 깨끗하게 세척하여 얇게 썬 후, 청주를 넣은 물에 쪄서 말리기를 2~3회 반복하면 효능도 좋아지고 추출도 잘 되어 초의 좋은 재료가 된다. 여러 해 묵은 엉겅퀴 3~4 그루면 한 해 동안 쓸 꽃초를 얻을 수 있다.

엉겅퀴의 꽃과 뿌리가 준비되면 그 2배가 되는 양의 찹쌀밥을 준비한다. 누룩가루를 모든 재료와 함께 고루 섞어 그 위에 생수를 붓는다. 옹기 항아리나 유리병에 내용물을 담아 22~25℃ 온도에서 14~20일 동안 알코올발효를 시킨다.

멋진 엉겅퀴술이 만들어지면 27~30℃ 정도로 온도를 높여주고, 뚜껑은 한지나 거즈로 바꾸어 공기가 소통될 수 있도록 한다. 하루에 한 번 정도 나무 주걱으로 저어주면서 관리하면 달콤한 냄새에서 술 냄새로 바뀌고, 40여 일 후에는 새콤한 초 냄새가 난다. 그러나 아직 초가 완성된 게 아니므로 1개월 더 기다리면서 저어주는 것을 게을리해서는 안 된다.

효능

엉겅퀴꽃초는 지혈, 소염, 항균 작용을 하며 혈액순환을 좋게 하고, 간 기능 개선에 도움이 된다.

재료 엉겅퀴꽃 500g, 찹쌀 1kg, 누룩가루 100g, 청주 200㎖, 생수 4ℓ

엉겅퀴꽃초 마시기

돌미나리 녹즙 200ml에 엉겅퀴꽃초 20ml를 섞어 하루에 한 잔씩 꾸준히 복용하면 간 기능 저하로 인한 피로 회복에 도움이 된다.

원추리
꽃   초

춘설에 덮인 언덕, 작년에 한해살이를 마친 여러
식물들의 잔해가 헝클어진 채로 남아 있다. 눈비에
젖고 바람에 흔들리고 꺾여 이리저리 누워 있다.
봄을 느끼기에는 이른 2월, 헝클어진 덤불을 헤치
고 흙을 만져보면 부슬부슬 땅이 녹아 있다. 해마
다 원추리가 꽃을 피웠던 자리를 파헤쳐보면 거기
꼼지락거리는 생명이 있다. 원추리가 싹을 틔우기
위하여 뿌리 가득 수분을 가두고 희고 토실한 잎
줄기를 뾰족하게 내밀고 있다. 머지않아 봄기운에
이끌려 흙 밖으로 연두색 연한 잎을 내보내겠지.
그리고 난초처럼 기다란 잎들을 키워 늘어뜨리고
장맛비에 흠뻑 젖어 한 해의 꽃을 피우기 시작할
것이다.

원추리는 '망우초'라고도 불리는데, 그 이름에서
알 수 있듯이 근심을 잊게 하는 묘약인가 보다. 예
부터 떡이나 밥에 넣어 먹었으며 튀김이나 술을 담
가 먹었다. 꽃송이가 다른 꽃잎에 비해 크고 색상
이 아름다우며 독특한 향기가 있어 음식에 넣어
즐겼던 것으로 생각된다.

원추리꽃은 색상이 아주 곱다. 그 고운 빛깔을 한
병의 초 안으로 초대하여 눈과 마음과 몸을 즐겁
게 하자.

꽃초 만들기

원추리꽃은 개화가 짧고, 덥고 습한 계절에 꽃을 피우므로 꽃잎이 자칫 물러지기 쉽다. 꽃을 따서 바로 청주에 5분 정도 담가 뜨거운 증기에 쪄서 말리는 것이 좋다.

말린 원추리꽃을 65℃ 온수에서 3시간 정도 추출하면 곱고 향기로운 액체를 얻을 수 있다.

원추리꽃추출액에 누룩가루와 벌꿀을 녹여 병에 담아 입구를 한지로 봉하고 25~27℃ 온도에서 발효시키며 하루에 한 번씩 흔들어준다.

달콤한 냄새에서 알코올 냄새를 거쳐 새콤하고 쏘는 향이 올라오기까지의 시간은 대략 60~90일이 걸린다. 이 발효 과정에서는 초를 꺼내어 한 잔씩 마셔도 괜찮다. 그러나 많은 양이 아니라면 완성될 때까지 공을 들이고 미생물들을 응원하면서 세상에 하나밖에 없는 나만의 상큼한 초를 만들어보는 것도 큰 기쁨이다.

효능

원추리꽃에는 신경쇠약이나 우울증을 예방하고 치료하는 물질이 들어 있으며 노화 방지, 피로 회복, 원기 회복을 위한 유익한 물질이 다량 함유되어 있다.

재료　말린 원추리꽃 200g, 생수 4ℓ, 누룩가루 1큰술, 벌꿀 1kg

원추리꽃초 아이스크림 만들기

생크림과 섞은 원추리꽃초를 냉동실에 넣어 더운 여름에 먹으면 시원한 꽃초 아이스크림이 된다.

원추리꽃초로 장식하기

완성된 원추리꽃초를 예쁜 병에 밀봉해두고 거실이나 주방 장식용으로 써도 너무 훌륭한 소품이 된다.

코스모스

꽃   초

한여름 동안 거칠게 내려쬐던 햇볕도 어딘지 서늘함이 묻어날 즈음이면 장독대 가장자리에 서있던 코스모스가 말을 걸어오듯 한 두 송이 툭툭 꽃잎을 연다. 가늘게 뻗은 목 줄기 위에 맑고 향기로운 기운으로 피어나는 꽃송이들을 보니 가을이 시작되나 보다. 자연이 보내온 연서 같은 시간들을 읽어가다 보면 거기에 어김없이 계절이 서 있다. 꽃을 품은 이 계절에 어찌 취하지 않으랴. 무심한 듯 바람에 흔들리는 붉고 흰 꽃잎들, 투박한 손으로 어루만지면 손가락 끝에는 꽃물이 든다. 저 가녀린 몸에 무얼 품었기에 척박한 돌 틈에서 저렇듯 피어날까. 눈 맞춰 웃어주는 이 없어도 홀로 웃다 지레 돌아가는 코스모스. 다시 태어나자. 꽃이 아니어도 꽃인 듯……

꽃초 만들기

코스모스는 갓 피기 시작한 꽃송이를 채취하여 꽃가루를 털어내고 청주에 적신다. 찜기에 김을 올려 20초 동안 찌고 말리기를 3회 반복한다.

현미가루와 엿기름가루에 생수를 붓고 죽을 끓여 식힌 후 코스모스와 누룩가루를 섞는다. 적당한 용기에 담아 25℃ 온도에서 알코올발효를 시킨 후 30여 일이 지나면 액체와 건더기를 분리하여 액체만 따로 초산발효를 시킨다.

꽃초는 60~90일 사이에 완성되지만 후숙기간을 두면 풍미가 뛰어나고 성분이 우수한 코스모스꽃초를 기대할 수 있다.

효능

코스모스는 한방에서 추영이란 약재로 사용되고 있으며 몸의 부종이나 종기를 다스리고 눈의 피로를 풀어주어 충혈에 도움이 된다. 또 열을 내려주고 몸의 독소를 제거하며 칼슘 흡수율을 높여주어 아이들의 성장을 돕는 고마운 꽃이다

재료   말린 코스모스 100g, 현미가루 500g, 엿기름가루 200g, 누룩가루 200g, 생수 3ℓ, 청주 200㎖

활용 tip

코스모스꽃초 피로회복법

· 코스모스꽃초를 따뜻한 생수와 1 : 1의 비율로 섞어 거즈에 적셔 눈을 감은 채 눈 위에 얹기를 여러 번 반복한다. 눈이 건조하고 피로하여 충혈되고 통증이 있을 때 효과가 있다.

· 플레인 요구르트 100㎖, 벌꿀 30g, 식초 30㎖를 잘 섞어 마시면 피로감이 심하여 얼굴이 푸석푸석할 때 도움이 된다.

해바라기
꽃 초

5월의 어느 날 팥알 크기의 작은 떡잎
두 개가 무턱대고 흙을 밀어 올렸다.
세포 깊숙이 힘을 받아 봄꽃들의
화려함 뒤에서 한 뼘씩 키를 늘렸
다. 달아오르는 대지의 열기도 아랑
곳하지 않고, 그저 널따란 잎을 키우며
키만 늘렸다. 기다림이 숙명인 것처럼……
그렇게 6월이 가고 7월이 저물면 어른 주먹 크
기의 오므리고 있던 꽃망울이 터지기 시작한다.
초록이 감도는 아직 여물지 않은 노란빛으로 겨
우 고개를 가누기 시작하며 아침마다
떠오르는 태양을 향하여 그림자처럼 무
더운 날들을 해바라기한다. 하나 둘 씨앗
이 여물어 꽃송이가 무거워지고 더 이상
감당할 수 없을 때까지 해를 따라다닌다. 그
래서일까? 해바라기의 꽃말은 숭배와 기다림
이다.

꽃초 만들기

해바라기처럼 송이가 큰 꽃은 송이 전체를 씨앗이 여물기 전에 따서 청주에 살짝 담갔다가 찐 후 그늘에 말려 쓰면 좋다. 옹기나 유리병에 해바라기꽃을 담고 식혜와 누룩가루를 벌꿀과 잘 섞어 꽃 위에 붓고 무명천이나 한지로 봉하여 25℃ 온도에서 발효시킨다. 나무 주걱으로 2~3일에 한 번씩 저어주면서 알코올이 생성되도록 관리한다.

20여 일이 지나면 온도를 27~30℃ 정도로 관리해주고 하루에 한 번씩 가볍게 저어준다.

60여 일이 지나면 초산이 강하게 생성되지만 2~3개월의 후숙 기간을 거치면 황금빛의 풍미가 뛰어난 꽃초가 완성된다. 침전물과 상등액이 분리되어 뚜렷한 층이 생기면 침전물을 걸러 맑은 상등액만 유리병에 밀봉하여 햇볕이 들지 않는 서늘한 곳에 보관한다.

효능

세상에 존재하는 모든 꽃들은 그 아름다움 외에도 꽃잎이나 향기에 여러 가지 유익한 물질들을 많이 가지고 있다. 대사질환을 예방하고 소염 작용을 하거나 노화를 방지하는 항산화 물질이 채소나 과일의 껍질보다 뛰어나다는 연구 결과가 밝혀지기도 했다. 특히 해바라기는 폐와 간에 도움을 주며 콜레스테롤 예방에 좋다. 혈액순환을 돕고 관절염, 성인병 예방에 효과가 있다.

재료 해바라기 3송이, 식혜 3ℓ, 누룩가루 50g, 벌꿀 500g

해바라기꽃초 음용법
· 꽃초를 음료로 마시거나 샐러드에 첨가하여도 뛰어난 풍미를 즐길 수 있다.
· 해바라기에는 성장 촉진물질이 있어 어린이의 음료나 반찬에 조금씩 넣어서 활용하면 좋다.

천연재료로 만든 발효식초

더덕
식초

우리나라 산자락 어디에서나 어렵지 않게 만날 수 있었던 야생 더덕이

이제는 한참 찾아야 간신히 만날 수 있는 귀한 재료가 되었다.

4월의 숲에서는 겨울 동안 땅 밑에서 충분하게 휴식을 취한

뿌리 식물들이 "저 여기 있어요" 하며 손을 들고 나오는 것처럼

여리고 토실한 순들이 올라온다.

각자 본연의 특유한 향기들이 곁들여져 숲에는

식물들의 몸 내음이 가득하다. 그중에서도 유난히 코끝을 스치는

진한 향이 느껴지면 더덕이 근처에 있다는 신호다.

두리번거리다 보면 네잎클로버처럼 잎 네 개를 반듯하게 붙인 채

하늘을 향하여 곧게 서 있는 더덕 새싹을 만나게 된다.

두근거리는 마음 가득 안고 다가가면 더욱 진한 향기로 인사한다.

가만히 둘러보면 작은 더덕 군락을 이루어 크고 작은 싹들이 움터 있다.

군데군데 작은 싹은 남겨두고 큰 것들만 캐내어 바구니에 담아 온다.

더덕을 손질하여 다듬고 씻는 동안 식물의 뿌리에서 손으로 느껴지는

육감은 4월의 봄볕과 같이 경이롭고 따뜻하다.

이제 더덕은 또 다른 미생물을 만나

다시 사랑에 빠지는 긴 여정을 시작할 것이다.

만드는 순서

1. 더덕은 껍질째 부드러운 솔로 문질러 흙이나 이물질을 제거하고 깨끗하게 세척한다.

2. 세척된 더덕을 이등분하여 김을 올린 찜기에 넣고 찐다. 처음에는 3분, 두 번째부터는 2분씩 찌고 식히기를 5~6회 반복한다.

3. 찐 더덕을 햇볕에 펴 수분을 2/3 이상 제거한다.

4. 용기에 더덕을 넣고 생수를 부어 65℃ 온도에서 48시간 동안 추출한다.

5. 찹쌀을 깨끗하게 세척하여 더덕추출액으로 고슬고슬 밥을 짓고 차갑게 식혀 누룩가루와 함께 버무린다.

6. 누룩가루 섞은 밥은 채반에 2~3cm 두께로 펴고 젖은 면포를 덮어 30시간 정도 따뜻한 공간에 둔다.

7. 밥알이 하얀 백곡균으로 덮이면 항아리에 담고 더덕추출액을 부어 25℃ 온도에서 50여 일 동안 발효시킨다.

8. 술이 충분하게 익어 새콤한 냄새가 나기 시작하면 건더기와 즙액을 분리하여 항아리에 담아 따뜻한 곳에 두고 입구는 한지나 2겹 거즈로 봉한다.

9. 2~3일에 한 번씩 나무 주걱으로 저어주면서 2~3개월 동안 발효시킨 후에 완성되면 침전물을 걸러 맑은 상등액만 밀봉 보관한다.

재료　더덕 2kg, 찹쌀 2kg, 누룩가루 300g, 생수 10ℓ

성분　사포닌, 이눌린, 녹말, 당분

효능　가래, 마른기침, 림프절결핵, 위경, 폐경, 폐농양, 충수염 치료, 해열 작용

돼지감자
식   초

제초제를 쓰지 않고 농사를 짓는 우리 밭둑에는 언제나 잡초들이 무성하게 서 있다.

예초기로 풀을 가끔씩 베어주어도 여름에 풀이 자라는 속도를 미처 따라가지 못할 지경이다.

그 잡초들 한편에 제법 분위기를 잡고 작은 해바라기꽃 모양의 노란 꽃을

흐드러지게 피우는 돼지감자 군락이 있다.

뚱딴지라고도 불리는 이 식물은 잡초만큼이나 번식력이 빠르고 어지간한 추위에도

얼어 죽는 일이 없다. 몇 뿌리만 심어도 2~3년이 지나면 근사한 꽃밭을 이룬다.

요즘에는 돼지감자의 우수한 성분이 알려지면서 많은 사람들이 관심을 갖기 시작했다.

성인병 예방을 돕는 물질이 다량 함유되어 있다는 연구결과도 속속 밝혀지고 있다.

돼지감자를 재배하는 농가도 제법 늘어나

원물을 쉽게 구할 수도 있게 되었다.

무엇보다 돼지감자는 맛이 순하고 독성이 없어

차나 반찬 등의 식재료로도 손색이 없다.

이제 가족의 건강을 위해 돼지감자를 활용한

천연발효식초를 만들어볼 때다.

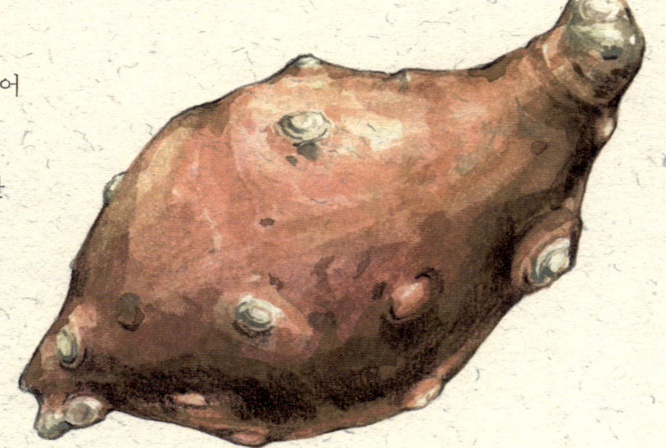

만드는 순서

1. 바닥이 두꺼운 냄비에 마른 돼지감자를 넣고 나무 주걱으로 저어가면서 중간 불에서 타지 않도록 바삭하게 볶는다.

2. 바삭한 돼지감자를 분쇄기에서 분쇄한다.

3. 찹쌀가루와 돼지감자가루를 섞어 생수를 넣고 죽을 끓인다.

4. 차갑게 식힌 죽에 엿기름가루와 누룩가루를 함께 섞어 항아리에 담는다.

5. 25℃ 온도에서 20일 동안 알코올발효를 시킨 후, 즙액과 건더기로 분리한다.

6. 분리한 즙액을 27~30℃ 온도에서 60~70일 동안 초산발효를 시켜 완성한다.

재료 말린 돼지감자 1kg, 찹쌀가루 2kg, 엿기름가루 100g, 누룩가루 500g, 생수 9ℓ

성분 비타민 B, 비타민 C, 나이아신, 단백질, 칼슘, 이눌린

효능 변비, 비만(다이어트에 효과), 체질 개선, 항당뇨 작용

둥굴레 식초

야트막한 야산에 햇볕이 잘 들고 부엽토가
충분하게 쌓여 있는 곳이면 어디서나 잘 자라고 있는 둥굴레.
땅 속에 줄기를 굳세게 뻗어 토실하게 살을 찌우고
그 안에 전분을 가득 담은 둥굴레는 그 옛날 먹거리가 부족하여
배고팠던 사람들의 구황식물로 사랑을 받아왔다.
그래서인지 지금도 어머니처럼 포근한 향을 풍긴다.
산길을 지나다 활처럼 구부러진 가지 끝에 타원형의 예쁜 잎과
잎 아래 숨듯이 핀 작고 앙증맞은 둥굴레꽃을 보면 환하게 미소 짓게 된다.
그냥 그곳에 있어서 고마운 존재. 같은 하늘 아래 서로 다른 곳에
서 있을지라도 늘 온기를 느끼게 하는 작디작은 존재.
자신을 다 주어 사람을 이롭게 하는
땅 속 작은 줄기. 둥굴레는 늦은 가을
산기슭에서 우리를 기다린다.
어린 둥굴레를 그대로 남겨두면
1~2년 동안 튼실하게 자라
늦가을 언제나 다시 만날 수 있다.

만드는 순서

1. 둥굴레는 껍질째 세척하여 3~4cm 크기로 자른다.

2. 찜기에 열을 올린 후 둥굴레를 3분 정도 찌고 수분을 제거하기를 3회 반복한다.

3. 현미가루에 엿기름가루를 넣은 후 생수를 첨가하여 죽을 끓인다.

4. 죽을 차갑게 식히고 누룩가루와 둥굴레를 넣어 고루 섞은 후 항아리에 담는다.

5. 20여 일이 지나 죽에서 알코올이 되는 단계가 지나면 하루에 한 번씩 나무 주걱으로 저어
   준다.

6. 3개월이 지나 식초가 완성되면 맑게 걸러 건더기와 즙액을 분리한다.

7. 후숙 기간을 4~5개월 충분하게 거치면 풍미와 약성이 뛰어난 식초가 만들어진다.

재료 생 둥굴레 1kg, 현미가루 2kg, 엿기름가루 100g, 누룩가루 500g, 생수 9ℓ

성분 글리코사이드, 비타민 A, 미네랄, 카로틴, 티아민

효능 뇌졸증, 심장병, 자양강장, 피부 미용, 항산화 작용, 혈당 강하, 기침, 가래 개선

마
식 초

산기슭 어딘가에서 산바람에 살랑거리는 연녹색 하트 모양의 잎이

긴 줄기를 따라 기어오른다. 주로 옆에 서 있는 다른 나무나 풀을 타고 올라앉아

언뜻 보면 주변 전체가 마인 것처럼 보인다.

자신을 온 천하에 전시하듯 드러내고 있지만 그 뿌리를 얻으려면

긴 줄기를 따라 내려가는 인내가 필요하다.

옛 사람들은 손님이 오면 어렵게 채취한 마를 가지고 죽을 끓여 대접했다고 한다.

마죽을 먹으면 중풍에 걸리지 않는다고 하여 오랜 풍습으로 전해졌다.

실제로 마는 장과 위, 폐 등을 이롭게 하며

스트레스나 피로 회복에 큰 도움이 된다.

만드는 순서

1. 마는 껍질째 세척하여 2~3cm 두께로 썬다.

2. 찜기에 면포를 깔고 마를 넣어 충분하게 익힌 후 다시 차갑게 식혀 준비한다.

3. 찹쌀을 세척하여 30분 정도 불린 후, 고슬고슬하게 밥을 지어 식힌다.

4. 찐 마와 찹쌀밥, 누룩가루를 고루 섞어 채반에 펴고 면포로 덮어 24시간 동안 배양한다.

5. 배양된 재료를 항아리에 넣고 그 위에 생수를 부어 25~30일 동안 알코올발효를 시킨다.

6. 즙액과 건더기를 분리하고 맑은 즙액만 70일간 2차 초산발효를 거쳐 완성한다.

7. 완성된 식초는 침전물을 걸러 맑은 상등액만 따로 밀봉 보관한다.

재료 마 2kg, 누룩가루 500g, 찹쌀 2kg, 생수 10ℓ

성분 사포닌, 뮤신, 아르기닌, 알란토인, 콜린, 칼륨

효능 빈혈, 천식, 혈당 강하, 노화 방지

비트식초

사람의 삶은 수많은 생명체의 은혜로 영위된다.
그중에서도 식물들은 인체의 질병을 예방, 치료하며
부족한 부분들을 컨트롤하여 건강이 유지되는 데
큰 역할을 한다. 온몸을 붉은 즙으로 가득
채우고 있는 비트는 도마 위에 올려
칼로 자르는 동안에도 붉은 즙을 흘리며 우리에게
메시지를 던진다. 혈액처럼 붉은 빛 안에는
실제로 혈액과 연관된 많은 성분들이 들어 있다.
빈혈이나 고혈압 등어 개선될 뿐만 아니라
적혈구가 생성되는 등 놀라운 효능을 가지고 있다.
얼마나 고마운 존재인가. 비트의 붉은 즙은 '사랑'이다.
아낌없이 주기 위해 태어난……

만드는 순서

1. 비트는 껍질째 세척해 3cm 크기의 네모난 골패 모양으로 썰어 그늘에서 꾸들하게 말린다.

2. 청주를 넣은 찜기에 열을 올려 말린 비트를 넣고 뜨거운 김을 1분간 쏘인 후 식힌다. 다시 청주를 뿌리고 찌기를 3회 반복한 후 말랭이 상태를 만든다.

3. 40℃ 온수에 비트를 넣어 3시간 정도 두고 비트가 충분하게 추출되도록 한다.

4. 비트추출액에 벌꿀을 녹인 후 누룩가루를 넣고 용기에 담아 입구를 한지로 봉한다.

5. 25~27℃ 온도에서 3개월간 발효시킨 후 사용한다.

재료 비트 1kg, 벌꿀 1.5kg, 누룩가루 50g, 생수 5ℓ, 청주 200㎖

성분 엽산, 글리신 베타인, 아미그달린

효능 혈액 조절, 청혈 작용, 칼슘 보유, 만성기관지염, 해수, 천식, 피부병, 구토, 진해·거담 작용, 간 기능 보호, 항암 작용

삼채 식초

삼채는 몇 해 전 미얀마에서 시집온 채소이다.
먼 땅으로 시집을 때는 사람에게 큰 유익을 줄 수 있는 채소로
그 가치를 인정받았기 때문이리라.
가끔은 지구별에 돋아난 많은 식물 중에
가치가 없는 것이 있을까 생각해본다.
쓰임새가 많아 그 가치가 드러날수록
더 많은 사람들에게 알려지게 된다.
삼채라는 식물도 그렇게 우리들 곁에 왔다.
삼채라는 이름 안에는 쓴맛, 단맛, 매운맛과
인삼맛, 마늘맛, 부추맛을 한꺼번에
느낄 수 있다는 뜻이 담겨 있다.
삼채의 주요 성분 중 하나인 식물성유황은
광물성유황이나 동물성유황에 비해 인체에 가장
안전한 것으로 알려져 있으며 노화 방지나 항암 효과가
탁월하다. 식물의 구성 성분에는
대부분 사람의 몸을 돕는 물질이 가득하다.
이제 한걸음 더 나아가 우리 몸에 식물이 더 원활하게
흡수될 수 있도록 발효의 터널을 지나가보자.

만드는 순서

1. 삼채는 뿌리만 따로 떼어 흐르는 물에 깨끗하게 세척한다.

2. 배는 껍질과 씨방을 제외한 과육을 2cm 두께로 썰어 준비한다.

3. 삼채와 배를 용기에 켜켜로 넣어 65℃ 온도에서 20일 동안 뚜껑을 열지 않고 둔다.

4. 개봉한 용기에 생수를 붓고, 65℃ 온도에서 3~4일 동안 열수추출한다.

5. 삼채추출액에 벌꿀을 녹여 차갑게 식힌 후 누룩가루를 섞어 항아리에 넣는다.

6. 25℃ 온도에서 3개월 동안 발효시킨 후 침전물을 걸러 맑은 상등액만 2개월 동안 후숙시켜 밀봉 보관한다.

재료　삼채 2kg, 배 3개, 생수 6ℓ, 벌꿀 1.8kg, 누룩가루 100g

성분　식물성유황, 베타카로틴, 비타민 A, 비타민 C, 칼륨, 철분

효능　살충, 살균 효과, 성 기능 강화, 뼈조직 강화, 청혈 작용, 통증 완화, 피부 미백 및 재생 효과, 항산화, 항알레르기, 항균, 항암 작용

생 강 식 초

4월쯤에 생강 한 조각 땅에 묻으면 가을에 덩어리져 자란 생강을 수확한다.

생강은 좀처럼 꽃을 볼 수 없지만 세계적인 향신료로

많은 사람들의 사랑을 받고 있는 식물이다.

생강의 원산지는 동남아시아로 추정할 뿐 정확하지 않다.

그러나 우리나라에 들어온 것은 고려시대 이전으로

이미 고려시대의 문헌에는 생강이 종종 등장한다.

생강은 따뜻한 성질로 감기 증상, 냉증 등을 개선할 수 있으며

혈관질환의 치료를 돕고 면역력 증강 등에 도움을 준다.

기호식품의 재료로도 많이 쓰이며 한방에서도 중요한 배합제로서 역할이 크다.

무던하고 너그러워 많은 것들과 조화를 이루는

생강의 품성을 가장 자연적인 방법으로 빚어

다시 한 번 꽃 피우자.

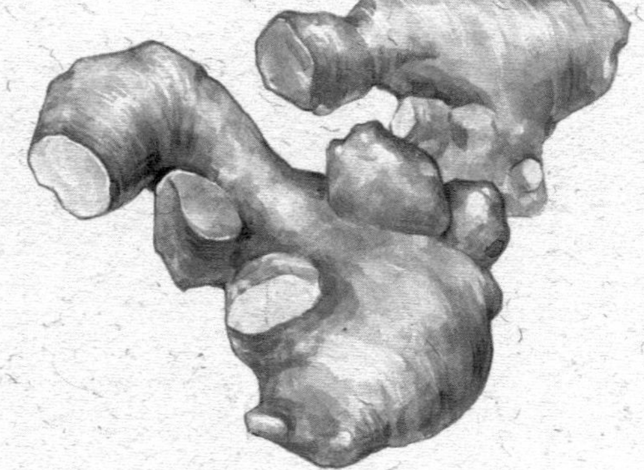

만드는 순서

1. 생강은 세척하여 얇게 저며 썬다.

2. 썰어진 생강에 조청과 누룩가루를 넣고 골고루 묻혀 따뜻한 곳에서 7일간 배양한다.

3. 2를 용기에 담아 생수를 붓고 충분하게 저어준 후 용기의 입구를 한지로 봉하고, 27~30℃ 온도에서 이상 발효가 생기지 않도록 저어주면서 관리한다.

4. 60여 일 동안 발효시킨 후, 새콤한 맛이 두드러지면 즙액과 건더기로 분리하여 즙액만 30일 동안 후숙시켜 완성한다.

5. 고운 천으로 걸러 맑은 액만 병에 담아 밀봉하고 냉암소에 보관한다.

재료 생강 1kg, 조청 1kg, 누룩가루 50g, 생수 4ℓ

성분 진저론, 진저롤, 쇼가올

효능 위산 억제, 소화액 분비 촉진, 식욕 증진, 지혈, 항균과 해독 작용

순무
식초

강화에서는 가을이 깊어지면 순무가 지천이다.

팽이 모양의 자줏빛 몸통이 예사롭지 않은 품성을 느끼게 한다.

푸른 잎과 자줏빛 물감이 번져 있는 것 같은 둥근 몸을

한 잎 깨물어보면 겨자향과 인삼향이 함께 어우러진 듯

독특한 맛이 난다. 매콤하면서도 고소한 맛의 순무는

많은 사람들에게 특별한 사랑을 받았다.

순무는 원래 중국으로부터 우리나라에 들어왔지만

이제는 토종화되어 강화의 특산물로 자리매김했다.

물론 전국 곳곳에서 순무가 재배되지만 그 성장과 맛을

형성하는 적합지로 강화를 꼽는다.

그 이유는 아마도 강화의 토질과 바다로부터 받는

환경적 영향 때문이 아닐까.

순무는 채소이기 때문에 주로 김치나 반찬을 만드는 데

사용해왔지만, 순무가 가지고 있는 우수한 성분들을

인체에 흡수되기 쉬운 상태로 만들기 위해서는

발효를 거쳐 식초를 만들어보는 것도 좋다.

순무는 이명에도 효과가 있으며 눈을 밝게 하고

종기를 치료하는 등 인체에 유익한 역할이 많은 채소다.

만드는 순서

1. 순무는 세척하여 거칠게 파쇄한다.

2. 찹쌀은 깨끗하게 씻어 2~3시간 불린 후 밥을 짓는다.

3. 파쇄된 순무와 찹쌀밥, 엿기름을 섞어 용기에 담고 65℃ 온도에서 6시간 동안 당화한다.

4. 당화된 내용물을 건더기와 즙액으로 분리하고 즙액을 2/3로 농축하여 차갑게 식힌다.

5. 순무농축액에 누룩을 섞어 항아리에 담아 25~27℃ 온도에서 90여일 동안 발효시킨다.

6. 완성되면 맑게 걸러 밀봉 보관한다.

재료　순무 3kg, 찹쌀 4kg, 엿기름가루 1kg, 생수 3ℓ, 누룩가루 100g

성분　비타민 C, 베타카로틴, 식이섬유, 아밀라아제, 칼슘, 칼륨, 철

효능　소화 촉진, 여드름 치료, 이뇨 작용, 변비 예방, 항암 작용, 해독 작용

양파 식초

늦가을에서 겨울로 접어들 무렵 남녘의 들판에는
눈 속에서도 양파의 어린 싹을 심는 진풍경이 자주 눈에 띈다.
가늘고 여린 양파 싹은 모진 겨울 땅에 뿌리를 내리고 꿋꿋하게 살아남아
봄이 되면 실하게 살찌우고 푸른 잎을 마음껏 펴서 초여름 수확기까지
둥근 몸을 만들어낸다. 그 둥근 몸 안에는 유황이나 포도당, 칼슘, 철분 등
여러 가지 유익한 성분들로 가득 차 있다.
양파는 우리 몸에 들어와서 온갖 불편한 것들을
해소해주는 고마운 재료다.

만드는 순서

1. 양파는 껍질째 씻어 가운데 칼집을 넣는다.

2. 보온밥통에 양파를 넣고 65~70℃ 온도에서 3주간 뚜껑을 열지 않고 둔다.

3. 찹쌀은 세척하여 밥을 짓고 엿기름가루는 생수에 걸러서 65℃ 온도에서 5시간 동안 당화하여 맥아즙을 농축한다.

4. 양파를 차갑게 식혀 누룩가루와 섞고 농축맥아즙을 부어 발효시킨다.

5. 40여 일 후에 건더기와 즙액을 분리한 후, 27~30℃ 온도에서 60일 동안 후숙시켜 밀봉 보관한다.

재료 중간 크기 양파 20개, 찹쌀 1kg, 엿기름가루 500g, 생수 7ℓ, 누룩가루 100g

성분 덱스트린, 플라보노이드, 유기황화합물, 포도당, 맥아당, 과당, 칼슘, 칼륨, 철분, 비타민 A, 비타민 B₁

효능 고지혈증, 동맥경화, 소화 촉진, 식욕 증진, 콜레스테롤 제거, 청혈 작용, 치통 완화, 화상 치료

울 금
식 초

농부로 사는 일은 고단하지만 흙의 기운에서 채워지는 충족감이 크다. 울금을 길러 식초를 만드는 일을 여러 해 동안 해오면서 참 많은 경험들이 소중한 자산으로 남았다. 울금을 처음 만난 것은 20여 년 전이다. 그때는 몇몇 농가를 제외하고는 울금을 기르는 사람도 그것을 사용하는 사람도 드물어서 생소한 식물이었다. 처음 생울금을 씹었을 때 어찌할 바를 몰랐던 광경이 지금도 생생하다. 쓰고 맵고 떫은 맛 외에 형언하기 어려운 복합적이고 결코 익숙하지 않은 그 맛에 몹시 당황했던 기억이 남아 있다. 그럼에도 울금을 기르게 된 것은 울금이 자라는 모습과 황홀하도록 아름답고 향기로운 울금꽃 때문이었다.

울금은 칸나 잎처럼 크고 두툼한 잎 사이로 어른 손바닥만 한 크기의 길쭉한 흰 꽃을 피운 뒤 늦가을에 잎이 시들면 수확기에 들어간다. 4~5월에 뿌리로 파종하여 여름에서 가을까지 성장하고 늦가을에서 초겨울 사이에 수확하여 건조시키거나 생으로 사용하는 것이다. 울금의 우수한 성분이 속속 밝혀지면서 울금을 필요로 하는 사람들도 많아졌다. 전국 어디에서나 무난하게 잘 자라기 때문에 지금은 오히려 울금이 너무 많이 재배되어 농가들이 판로에 애를 먹고 있다. 예나 지금이나 변하지 않는 것은 울금의 맛이다. 몸에는 좋지만 입에는 어려운 맛, 이것을 극복하기 위해 많은 연구가 진행되었고 맛을 완화시키는 방법들도 많이 알려졌다. 울금을 식초로 만들어 복용하는 것도 그 한 방법이다. 누룩에는 쓴맛을 분해시키는 미생물도 들어 있어 발효가 진행되는 동안 울금의 쓴맛이나 매운맛이 상당 부분 완화된다.

만드는 순서

1. 현미는 7~8회 문질러 깨끗하게 세척하여 24시간 동안 충분히 불린다.

2. 울금은 껍질째 씻어 얇게 편 썰어 준비한다.

3. 현미와 울금을 섞어 압력솥에서 충분히 익힌다.

4. 현미울금밥을 채반에 펴서 식힌 후 누룩가루를 섞어 다시 채반에 펴고 면포를 씌워 배양
   한다.

5. 배양된 재료를 항아리에 넣고 생수를 넣어 90여 일 동안 발효시킨다.

6. 즙액과 건더기를 분리하여 후숙시킨 후 침전물을 걸러 맑은 상등액만 밀봉 보관한다.

재료 울금 800g, 현미 2kg, 누룩가루 300g, 생수 7ℓ

성분 커큐민, 칼슘, 칼륨, 인, 비타민류

효능 간 기능 개선, 담액 분비 촉진, 당뇨병 개선, 이뇨 작용, 체지방 분해, 혈전 용해, 활성산소 제거

인 삼
식 초

인삼이 풍기는 향기는 사람에게 위안을 준다.

내 몸 어딘가에 소중하게 쓰일 것 같은 예감이 들게 한다.

많은 사람들의 관심과 사랑을 받는 인삼이지만

예부터 어린아이나 열이 많은 체질에는 해롭다 하여 삼가왔다.

그러나 발효의 터널을 지나는 동안 분자 구조가 바뀌면서 물질이 변화되고

변화된 물질은 더욱 다양해지고 세분화되어

흡수력이 높아진다는 점을 기억하자.

누구나 즐길 수 있는 인삼식초는 항암 효과뿐 아니라

빈혈, 피로 회복에 이르기까지

다양한 질병의 증상을 개선하거나 예방한다.

만드는 순서

1. 인삼은 뇌두를 떼어내고 부드러운 솔로 문질러 껍질째 세척한다.

2. 세척한 인삼 중 굵기가 굵은 것은 세로로 2~3등분한다.

3. 대추는 잠깐 물에 불려 씨를 빼고 2등분한다.

4. 용기에 인삼, 대추 순으로 넣고 65℃ 온도에서 20여 일 동안 뚜껑을 닫아 그대로 둔다(중간에 뚜껑을 열면 안 됨).

5. 흑빛으로 변한 인삼과 대추에 생수를 붓고 온도 변화 없이 30시간 동안 열수추출한다.

6. 추출된 즙액을 차갑게 식혀 벌꿀을 녹인 후 누룩가루를 섞어 용기에 담는다.

7. 용기의 입구는 한지나 두꺼운 천으로 봉한 후, 25℃ 온도에서 90여 일 동안 발효시킨다.

8. 완성에 가까울수록 식초는 검고 투명한 색깔을 내므로 맑아지면 침전물과 분리하여 60일 동안 후숙시킨 후 사용한다.

재료 인삼 1kg, 대추 200g, 벌꿀 1.5kg, 누룩가루 100g, 생수 6ℓ

성분 진세노사이드(사포닌), 배당체, 효소 B 복합체, 플라보노이드, 아미노산

효능 강장 효과, 건망증 완화, 동맥경화, 면역 기능 활성, 숙취 해소, 빈혈, 폐 기능 강화, 피로 회복, 항암 효과, 호흡 기능 개선

천문동
식초

식물의 이름에는 나름의 의미를 가진 흥미로운
이야기들이 담겨있다. 천문동의 이름은
'천문동 백근을 먹으면 하늘 문에 오를 수
있을 만큼 몸이 가벼워진다'는 의미다.
늦은 봄에 꽃이 피고 가늘게 휘어진 가지마다
여리고 긴 잎을 엇갈리게 달고 있는 모습을 보면
땅 아래 그토록 큰 가족이 달려 있을 거라고
상상하기 어렵다.
오래 묵은 천문동은 백여 개 이상의 뭉툭하면서도
약간 길쭉한 뿌리덩이들이 꼬치에 꿰어 있는 것처럼 긴 목과
긴 꼬리를 달고 있는 모양으로 이루어져 있다.
덩이 하나하나의 중심부에는 단단한 심이 들어 있어
이 부분을 제거하고 쓸 수 있도록 갈무리한다.

만드는 순서

1. 천문동은 껍질째 세척하고 배는 껍질과 씨방을 제거하여 2~3cm 두께로 썰어 준비한다.

2. 보온밥통에 천문동과 배를 켜켜로 넣고 20일 동안 뚜껑을 열지 않고 보온한다.

3. 20일이 지나면 천문동에 농축맥아즙을 넣고 65℃ 온도에서 12시간 동안 열수추출한다.

4. 천문동추출액을 식혀 누룩가루를 넣고 항아리에 넣어 한지로 봉한다.

5. 25~27℃ 온도에서 3개월 동안 발효시킨다.

6. 침전물을 걸러 맑은 상등액만 3개월 동안 후숙시켜 사용한다.

재료　천문동 1kg, 농축맥아즙 5ℓ, 배 2개, 누룩가루 100g

성분　글리코사이드, 사포닌, 스테로이드, 아스파라긴산

효능　폐질환 치료, 기관지 강화, 편도선염 치료, 당뇨병 개선, 변비 치료, 피부 보습, 항균 효과

칡식초

나무가 높다 하되 오르고 또 오르면 못 오를 리 없다는 듯,

초봄 연한 순으로 출발한 칡 줄기는 한 여름이 되면 숲의 포식자처럼

모든 나무 위에 군림한다.

태양과 대기의 기운을 왕성하게 흡입하여 줄기마다

또 다른 줄기를 뻗어 사방 몇 십 미터 장악은 식은 죽 먹기다.

이렇듯 모아들인 기운은 어디로 갈까.

찬바람이 불어오면 잎과 줄기에 왕성한 기운들이 슬슬 뿌리로

내려오기 시작한다. 가을이 깊어지고 가지가 앙상해지면

뿌리로 모아진 기운은 겨울을 나기 위해

몸속의 탄수화물 일부를 당으로 바꾸어 겨울 준비를 한다.

이때 수확하면 단맛이 풍부한 칡을 얻을 수 있다.

칡의 주성분은 갱년기 증상을 완화시켜주며

숙취에 도움이 된다. 또한 고혈압이나

고지혈증, 협심증, 동맥경화 등으로 인한

여러 가지 증상에 도움이 큰 것으로

알려져 있어 나이가 들수록

섭취가 필요한 식물이다.

만드는 순서

1. 칡은 1.5cm의 두께로 얇게 저며 썰어둔다.

2. 김이 오른 찜기에 면포를 깔고 칡을 넣어 5분 정도 찐 후 식혀서 다시 3분 정도 찌기를 3회
   반복한다.

3. 찐 칡을 햇볕에 한나절 말려서 수분을 1/3 정도 제거한 후, 절구 공이로 적당히 부순다.

4. 준비된 칡에 누룩가루를 고루 뿌려 쟁반에 3cm 두께로 펴고, 젖은 면포를 덮어 30시간 정
   도 누룩배양한다.

5. 배양된 칡을 단지나 유리병에 넣고 생수에 조청을 녹여 붓는다.

6. 60여 일이 지나면 칡 건더기와 즙액을 분리한다.

7. 분리된 즙액만 따로 25~27℃ 온도에서 60일 동안 발효시켜 완성한다.

재료 칡 3kg, 누룩가루 150g, 조청 1kg, 생수 6ℓ

성분 다이드제인, 다이드진, 식물성 에스트로겐, 무기질, 비타민 C, 카테킨, 탄수화물

효능 두통, 불면증, 세균성설사, 유행성결막염, 위장병, 해열, 혈관질환 개선

하수오
식초

하수오만큼 불로의 유혹이 강한 약초가 또 있을까.
하수오는 먼 옛날 하 씨 성을 가진 사람에 의해
발견되었다는 전설 때문에 하수오란 이름을
갖게 되었다고 한다.
그 이름이 말해주듯 까마귀 털 같은
검은 머리는 젊음의 상징이며 나이 들어가는
모든 이들의 로망이다.
동의보감에는 "기혈의 순환을 돕고 머리카락을
검게 만들며 오래 먹으면 늙지 않는다"고 기록되어 있다.
신장과 간장의 기능을 강화시켜 백발을 검게 하는
명약으로 알려진 하수오는 백하수오와는
종자 자체가 다르기 때문에 구분해서 사용해야 한다.
하수오의 약성은 이미 널리 알려져
여러 가지 질병의 예방과 치료에 쓰이고 있다.

만드는 순서

1. 하수오는 껍질째 깨끗하게 세척하여 1cm 두께로 썰어둔다.

2. 준비된 하수오를 청주에 적셔 찜기에서 5분간 찐 후 꺼내어 선풍기 바람으로 표면의 수분을 제거한다.

3. 다시 청주를 스프레이 하여 찜기에서 2분간 찐 후 수분을 날리기를 총 9회 반복한 후, 마지막은 꾸들하게 말린다.

4. 80℃ 온수에서 24시간 동안 하수오를 충분하게 우려내어 하수오추출액을 만든다.

5. 40℃ 온도의 하수오추출액에 벌꿀을 녹인 후 항아리에 담는다.

6. 누룩가루는 거즈에 싸서 그대로 항아리에 넣고, 27℃ 온도에서 3개월 동안 발효시킨다.

7. 완성된 식초는 침전물을 걸러 맑은 상등액만 밀봉 보관한다.

재료　하수오 1kg, 벌꿀 2kg, 누룩가루 100g, 청주 30㎖ , 생수 6ℓ

성분　레시틴, 당, 아미노산, 에모딘, 녹말

효능　감기 예방, 콜레스테롤 감소, 빈혈, 발모 촉진, 종기 치료, 자양강장, 신장과 간 기능 강화, 뇌 기능 향상, 관절염, 성인병, 폐결핵 치료, 해독 작용

감 잎
식 초

누구나 한 번쯤 5월의 햇살이 감나무의 잎을
부드럽게 빗질하는 광경을 보았음직하다.
연녹색의 잎 위에 끊임없이 반사되는 빛의 자애로움.
저렇듯 태양에너지가 스며드는 잎사귀
하나하나가 모두 눈부신 계절의 상징이다.
오래 남기고 싶은 싱그러운 5월.
곁가지 여기저기 붙어 있는 감잎을 따서
초의 세계로 한걸음 내딛어보자.
정성과 시간, 마음을 기울여 만들어진
초의 가치는 크고도 놀랍다.
단순한 물질이지만 많은 것을 품고 있는
초의 품성은 자연을 닮아
우리를 안정시키고 충만하게 한다.

만드는 순서

1. 감잎은 젖은 행주로 표면을 닦은 후 그늘에서 4~5시간 말린다.

2. 바닥이 두꺼운 팬에 기름기 없는 석쇠를 올려 열을 가한 후, 중간 불 정도에서 감잎을 뒤 집어가며 볶고 식히기를 3회 반복한다.

3. 뚜껑이 있는 용기에 감잎을 담아 24시간 동안 따뜻한 곳에서 발효시킨다.

4. 80℃ 온수에 감잎을 넣고 2시간 동안 충분하게 우려낸 후 벌꿀을 녹인다.

5. 항아리에 벌꿀을 녹인 감잎즙을 넣고 누룩가루를 거즈에 싸서 함께 넣는다.

6. 27℃ 온도에서 90일 동안 나무 주걱으로 가끔 저어주면서 발효시킨다.

7. 다시 30일 동안 후숙시킨 후 침전물을 걸러 맑은 상등액만 밀봉 보관한다.

재료 감잎 1kg, 벌꿀 1kg, 누룩가루 100g, 생수 5ℓ

성분 비타민 C, 플라보노이드, 유기산, 카로틴, 칼슘, 타닌

효능 고혈압, 동맥경화, 뇌출혈, 빈혈 개선, 이뇨 작용, 피부 미용

녹차
식초

어린 녹차잎을 따낸 후 초여름이 되어 4~5cm 크기로

훌쩍 자란 녹차잎은 떫고 쓴맛이 더욱 도드라진다.

잎이 성숙한 만큼 향기도 강하고 빛깔도 푸르다.

필요한 만큼 채취하여 차 외에 다른 용도로 활용하기에는

6~7월쯤이 적당하다.

녹차의 우수한 쓰임새는 이미 널리 알려져 있다.

녹차가 함유하고 있는 우수한 성분을

저분자로 분해하여 물질의 변화를 유도하는

발효 과정을 거치는 것도 녹차를

새롭게 즐기는 좋은 방법 중 하나다.

만드는 순서

1. 현미는 7~8회 손으로 비벼 깨끗하게 세척한 후 24시간 충분하게 불린다.

2. 찜기에 김이 오르면 녹차잎을 청주에 적셔 20초 정도 쪄서 준비한다.

3. 현미로 밥을 짓고 뜸을 충분하게 들인 후 차갑게 식힌다.

4. 녹차와 현미밥, 누룩가루를 잘 섞어 채반에 3cm 두께로 펴고 면포를 씌워 25℃ 온도에서 30시간 동안 배양한다.

5. 배양된 재료를 항아리에 담고 생수를 붓는다.

6. 60여 일 동안 1차 발효를 시킨 후 건더기를 걸러 즙액만 따로 50여 일 동안 2차 발효를 시킨다.

7. 완성된 식초는 침전물을 걸러 맑은 상등액만 밀봉 보관한다.

재료 녹차 100g, 누룩가루 200g, 현미 2kg, 청주 20㎖, 생수 10ℓ

성분 비타민 C, 사포닌, 베타카로틴, 카테킨, 플라보노이드, 칼륨

효능 노화 억제, 방사능 해독, 중금속 배출, 니코틴 해독, 항산화 작용, 항암, 항염

산죽식초

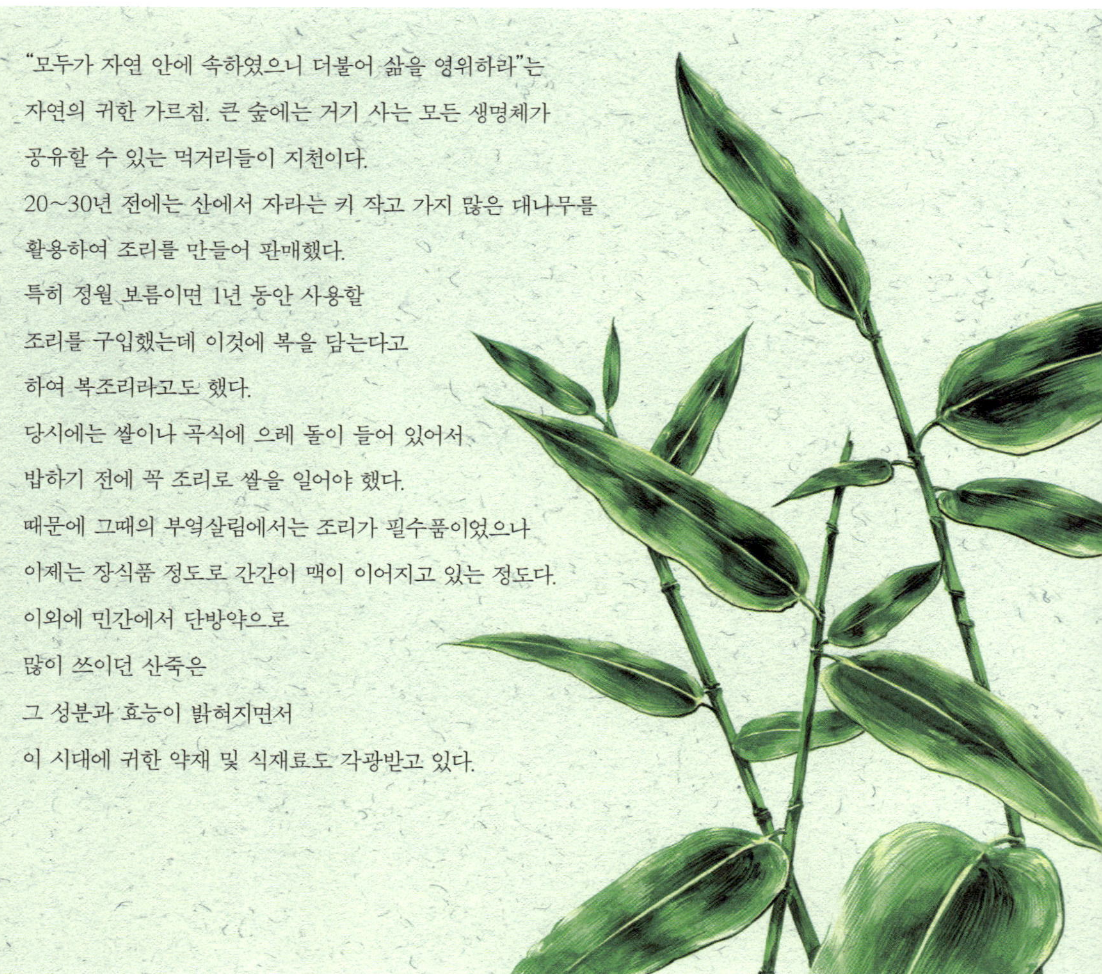

"모두가 자연 안에 속하였으니 더불어 삶을 영위하라"는
자연의 귀한 가르침. 큰 숲에는 거기 사는 모든 생명체가
공유할 수 있는 먹거리들이 지천이다.
20~30년 전에는 산에서 자라는 키 작고 가지 많은 대나무를
활용하여 조리를 만들어 판매했다.
특히 정월 보름이면 1년 동안 사용할
조리를 구입했는데 이것에 복을 담는다고
하여 복조리라고도 했다.
당시에는 쌀이나 곡식에 으레 돌이 들어 있어서
밥하기 전에 꼭 조리로 쌀을 일어야 했다.
때문에 그때의 부엌살림에서는 조리가 필수품이었으나
이제는 장식품 정도로 간간이 맥이 이어지고 있는 정도다.
이외에 민간에서 단방약으로
많이 쓰이던 산죽은
그 성분과 효능이 밝혀지면서
이 시대에 귀한 약재 및 식재료도 각광받고 있다.

만드는 순서

1. 산죽잎과 줄기는 흐르는 물에 세척하여 3~4cm 크기로 자른다.
2. 청주와 생수를 1 : 2의 비율로 찜기에 붓고 김을 올린 후, 산죽을 30초 정도 쪄서 반 건조 시키기를 3회 반복한다.
3. 80℃ 온수에 준비된 산죽을 넣어 24시간 동안 열수추출한다.
4. 찹쌀은 깨끗하게 세척하여 산죽추출액으로 밥을 짓는다.
5. 보온밥통에 산죽찹쌀밥과 거즈에 싼 엿기름가루를 함께 넣은 후 밥을 짓고 남은 산죽추출 액을 충분하게 넣어 5~6시간 동안 당화시킨다.
6. 당화된 즙액을 20블릭스 정도로 농축한다.
7. 농축된 즙액을 차갑게 식혀 누룩가루를 섞은 후 항아리에 넣어 90일 동안 발효시킨다.
8. 다시 30일 동안 후숙시켜 완성하고, 침전물을 걸러 맑은 상등액만 밀봉 보관한다.

재료 산죽 잎·줄기 1kg, 찹쌀 2kg, 엿기름가루 1kg, 누룩가루 100g, 생수 10.4ℓ, 청주 200㎖

성분 아미노산, 칼슘, 유기산, 페놀, 비타민 B_1, 비타민 K, 칼륨

효능 기침, 가래, 천식, 자궁염, 수렴, 피부염 증상 개선, 청혈, 지혈, 해열, 항암, 해독 효과

솔 잎 식 초

100년쯤 시간이 흐르면 우리나라에서
소나무를 볼 수 없게 된다는 기사를 읽은 적이 있다.
빠르게 진행되는 온난화로 인해 한반도의 기후가
아열대기후로 바뀌어가고 소나무를 쓰러뜨리는
재선충의 위험 등을 이유로 어쩌면 다음 세대는
숲이나 바닷가, 야산 등에서
소나무를 만나지 못할지도 모른다.
소나무가 없다면 그 풍경이 어떠할까.
소나무의 향기와 늘 푸른빛이 주는
인내와 의지, 그리고 기개……
새삼 소나무의 존재가 너무도
소중하여 곁가지를 다듬고 난
가지들을 땔감으로 쓰기 아까워진다.
아직 어디서든 쉽게 만날 수 있고,
솔잎 몇 줌 언제나 쉽게 내어주는
고마운 나무.
그 은혜를 항아리에 오롯이 옮겨보자.

만드는 순서

1. 솔잎은 80℃ 온도의 연한 식초물에 넣어 손으로 비벼 씻은 후 2cm 길이로 잘라둔다.

2. 준비된 현미가루에 생수를 넣어 죽을 끓인다.

3. 죽을 차갑게 식혀 솔잎과 누룩가루를 골고루 섞은 후 항아리에 넣고 발효시킨다.

4. 60일이 지나면 건더기와 즙액을 분리하여 다시 50일 동안 후숙시켜 완성한다.

5. 완성된 식초는 침전물을 걸러 맑은 상등액만 밀봉 보관한다. 침전물이 섞인 식초는 드레
   싱이나 생선 요리 등에 활용할 수 있다.

재료 솔잎 1kg, 현미가루 3kg, 누룩가루 700g, 생수 9ℓ

성분 피크노제놀, 테르펜, 아피에긴산, 글리코기닌, 엽록소, 비타민 C, 타닌, 철분

효능 피로 회복, 당뇨, 빈혈 개선, 탈모 예방, 노화 방지, 니코틴 제거, 뇌졸중 예방, 청혈 작용, 독소 배출

연 잎
식 초

7월이 오면 푸르름의 정점에 선 연잎은 온몸의 기운을 고즈넉하게 품어

일생에서 가장 진한 향기를 세포마다 가득 간직한다.

좋은 연잎을 만나려면 겨울과 봄을 지나 여름이 무르익을 때까지 기다려야 한다.

세포가 촘촘하게 여물어 손으로 만졌을 때 쉽게 부서지지 않고

도톰하게 살찐 상태의 연잎은 찌거나 절여도

원형이 크게 손상되지 않는다.

함유성분의 함량도 높아져 기왕이면 7월 연잎이 좋다.

연잎은 사람의 몸에 이로운 성분이

다량 함유되어 단정한 외면에 비해

내면이 더욱 화려하다.

여러 질병의 증상을 완화시키고

천연해독제로서의 역할을 하는

단단한 연잎을 따서 초를 담가보자.

만드는 순서

1. 연잎은 젖은 행주로 표면을 깨끗하게 닦아 도마 위에 펴놓고 나무 방망이로 2~3회 힘 있게 밀어준다.
2. 연잎을 돌돌 말아 0.5cm 크기로 채썰기 하여 채반에 펴서 그늘에서 3~4시간 말린다.
3. 채 썬 연잎에 청주를 고루 묻혀 김 오른 찜기에서 20초 정도 찌고 식히기를 5회 정도 반복한 후 마지막은 꾸들하게 말려서 약한 열로 덖는다.
4. 준비된 연잎은 뚜껑이 있는 용기에 담고 80℃ 온수를 부어 식을 때까지 그대로 둔다.
5. 연잎은 건져내고 연잎추출액에 벌꿀을 희석하여 항아리에 담는다.
6. 그 위에 누룩가루를 뿌려 27℃ 온도에서 90일 동안 1차 발효를 시킨다.
7. 고운체에 건더기를 걸러낸 맑은 상등액만 60일 동안 다시 2차 발효를 시켜 완성한다.

재료 연잎 1kg, 벌꿀 2kg, 누룩가루 50g, 청주 300㎖, 생수 7ℓ

성분 플라보노이드, 쿼세틴, 비타민 C, 식이섬유
효능 감기 예방, 노화 방지, 니코틴 제거, 어혈 제거, 지혈 작용, 피부 미용, 치매 예방, 자궁출혈 치료, 정력 증진, 항산화 작용

자소엽
식초

예나 지금이나 그 쓰임새가 많은 식물은 집 주변에 특별하게 가꾸지 않아도
철따라 자연스럽게 피고 지며 자라왔다.
그러다가 때때로 누군가의 필요에 의해 한 줌씩 꺾여 쓰여온 것이다.
세상의 모든 식물은 봄이 되면 소스라치듯 깨어나
흙을 밀어 올리고 저마다 존재를 드러낸다.
그중에서도 유난히 고운 자줏빛 쌍떡잎이 마당 여기저기서
무리지어 돋아난다. 작년 자소엽이 서 있던 자리에
그 꼬투리를 떠나갔던 씨앗들이 다시 돌아오고 있었다.
5월에 따뜻한 봄비가 내리면 줄기는 키를 늘리고 잎은
아기 손바닥처럼 가지 끝마다 매달려 마당에 싱그러운 향기가 가득하다.
향기가 소생하는 자줏빛 잎사귀. 이 작은 잎 안에는 안토시안이라는
항산화물질이 가득하다. 어디 그 뿐이랴.
비타민, 칼슘, 미네랄 등이 빼곡하게 숨어 있다.
사람들의 지혜가 그 안에 숨어 있는 귀한 것들을
찾아내어 세상에 전해지도록 애쓰고 있다.
오늘도 자소엽은 시골 어느 집 마당이나 밭둑, 화단가에
변함없이 서서 향기로운 자줏빛 이파리를 살랑댄다.
누군가 한줌 꺾어가주길 바라면서……

만드는 순서

1. 자소엽은 흐르는 물에 세척하여 그늘에서 2~3시간 시들게 둔 후 나무 방망이로 살짝 밀어준다.

2. 자소엽에 생수를 붓고 약한 불에서 2시간 동안 열수추출한다.

3. 고운체에 걸러낸 자소엽추출액에 쌀조청을 녹여준다.

4. 항아리에 3을 붓고 누룩가루를 넣어 섞은 후, 27℃ 온도에서 3개월 동안 발효시킨다.

5. 침전물을 걸러 맑은 액만 다시 2개월 동안 후숙시켜 완성한다.

재료　자소엽 1kg, 쌀조청 2kg, 생수 6ℓ, 누룩가루 100g

성분　안토시안, 디터핀, 칼슘, 미네랄, 비타민

효능　가래, 마른기침, 림프절결핵, 위경, 폐경, 폐농양, 충수염 개선, 해열 작용

청미래덩굴
식   초

지난해 가을 잎이 지면서 남겨놓은 덩굴은 겨우내
어두운 색감의 뾰족한 가시들을 듬성듬성 달고 서서
봄을 기다렸다. 4월의 따사로운 햇살과 촉촉한
봄비가 내리면 어두운 덩굴에 아기 손바닥 같은
둥근 모양의 여린 연둣빛 잎이 돋아난다.
가시 사이사이 돋아난 잎은 청청하고
아름다운 덩굴로 자란다.
여름쯤에는 그 잎을 따서 한 잎 한 잎
떡을 싸서 찌는데 그게 바로 망개떡이다.
청미래덩굴은 5월에 꽃이 피고 9월 사이에
구슬같이 둥근 모양의 열매를 맺는다.
암수딴그루로 살아가는 청미래덩굴은
전초가 모두 소중한 성분으로 가득하여 예부터 민간약으로
귀하게 쓰였다. 뿌리는 '토복령'이라고도 하는데
뿌리 부분은 약용으로 쓰였으며
잎이나 열매는 약용과 식용을 겸해서 사용했다.
청미래덩굴 안에는 간질환을 개선하는 등
우리 몸에 도움이 되는 다양한 물질이 들어 있다.

만드는 순서

1. 청미래덩굴은 뿌리, 잎, 열매를 잘게 썰어 준비한다.

2. 썰어둔 재료를 청주에 적셔 김이 오른 찜기에서 3분 정도 찌고 말리기를 3회 반복한다.

3. 찹쌀은 세척하여 2~3시간 동안 불린 후 밥을 짓는다.

4. 생수에 엿기름가루를 넣고 진하게 엿기름즙을 추출한다.

5. 진한 엿기름즙에 준비된 청미래덩굴과 찹쌀밥을 섞어 용기에 넣고 65℃ 온도에서 7시간
   동안 당화한다.

6. 당화액을 차갑게 식힌 후 누룩가루를 첨가하여 유리병이나 항아리에 넣는다.

7. 25~27℃ 온도에서 60일 동안 발효시켜 건더기와 즙액을 분리한다.

8. 즙액만 다시 30일 정도 숙성시켜 완성한다.

재료 청미래덩굴 전초 1kg, 찹쌀 2kg, 엿기름가루 1kg, 누룩가루 100g, 생수 10ℓ

성분 루틴, 사포닌, 수지, 알칼로이드, 리놀액산, 올래산, 타닌

효능 중금속 배출 효과, 이뇨 작용, 소화 촉진, 신장염, 아토피, 고혈압 치료, 니코틴 해독, 항암 작용

감
식 초

감은 오랜 시간 제철을 지켜오며 사람들의 정서에 많은 영향을 미쳐왔다.

그만큼 가을을 상징하는 열매들 가운데 가장 강렬한 빛깔과 다양한 쓰임새를 선보인다.

종류도 다양하여 이른 가을부터 겨울까지 쉽게 만날 수 있는 과일이다.

주로 생과를 사용하지만 종류에 따라

장아찌나 천연발효식초의 좋은 재료가 되기도 한다.

주황빛 탐스러운 감은 감기를 예방하고

시력 개선에 도움을 주는 고마운 열매다.

가을이 가기 전에 잘 익은 감을 골라

식초를 담가보자.

만드는 순서

1. 잘 익은 감을 깨끗하게 손질하여 술에 소독해서 준비한다.

2. 감 표면에 조청을 골고루 묻힌 후 누룩가루를 뿌려 용기에 켜켜로 담는다.

3. 두꺼운 천으로 용기 입구를 봉하여 햇볕이 들지 않는 실온에서 90일 동안 발효시킨다.

4. 감즙이 충분하게 추출되고 초산발효가 잘 진행되어 액체가 맑아지면 거즈 2겹을 이용하여 걸러준다.

5. 즙액과 건더기가 분리되면 즙액만을 따로 25℃ 온도에서 60여 일 동안 후숙시킨다.

6. 초산발효가 끝나면 침전물을 걸러 맑은 상등액만 밀봉 보관한다. 침전물이 섞인 식초는 드레싱이나 생선 요리 등에 활용한다.

재료 감 5kg, 조청 500g, 누룩가루 50g

성분 비타민 A, 비타민 C, 칼슘, 카테킨, 타닌

효능 체지방 억제, 콜레스테롤 제거, 고혈압, 동맥경화 개선, 피로 회복, 항산화 작용, 노화 방지, 피부 미용

보관 Tip

완성된 식초는 적당한 크기의 병에 나누어 밀봉 포장한 후 햇볕이 들지 않는 서늘한 곳에 보관한다. 그래야 잡균의 번식을 막고 끝까지 풍미를 잃지 않아 식초의 맛과 향을 지킬 수 있다.

구기자
식   초

늦가을 첫눈이 올 무렵, 붉게 익은 구기자 열매를 시린
손끝으로 알알이 따서 소쿠리에 담는다. 한나절을 따
모아도 너무 작아서 품삯을 받기가 미안해지는 구기자.
한 번 뿌리내리면 몇 십 년이고 내내 그 자리에
서서 잎 내고 꽃 피우며 알알이
열매를 맺는다. 그러기까지 수많은 바람과
햇볕이 스치고 건너간 시간들을 꿰어보면 꼬박
사계절이다. 스치운 바람만큼이나 내려앉은
햇볕만큼이나 붉은 속내 안에 담겨진 수많은
효능을 들여다보면, 자연이 사람에게 주고 싶은
선물을 한데 모아놓은 듯하다. 그래서 구기자는 약초들 중에서도 상약에 속한다.
인삼, 하수오 등과 함께 3대 기력 증진제로도 알려져 있는 구기자가 영글어가는 가을을
어찌 그냥 지나쳐가랴. 구기자는 어린 날의 먼지 앉은 기억 속에도 담겨 있다.
우리 집 담장 한편은 구기자 울타리였다. 할아버지가 심으셨는데 해마다 가을이 깊어
첫눈이 올 무렵이면 유난히도 붉게 익어 울타리 가득 붉고 자잘할 열매가 달렸다.
할아버지는 이 구기자를 무척 좋아하셔서 어린 손자들에게 작은 그릇을 들려주며 구기자를
따도록 독려했다. 따 온 구기자 양에 따라 상으로 주는 사탕의 개수도 달랐다.
어린 손들을 호호 불며 서로 많이 따겠다고 아옹다옹했던 기억이 구기자를 대할 때마다 선연하게
떠오른다. 구기자를 보시고 행복하게 웃으시던 할아버지의 그 웃음과 함께……

만드는 순서

1. 구증구포를 거친 구기자를 80℃ 온수에서 24시간 동안 열수추출한 후 30℃ 온도로 식혀 준다.
2. 구기자추출액에 벌꿀을 녹여 약간의 누룩가루를 넣은 후, 항아리나 병에 담아두고 입구를 한지나 천으로 봉한다.
3. 27~30℃ 온도에서 2~3일에 한 번씩 용기를 흔들어주면서 산막이 두터워지는 것을 방지 한다.
4. 70~90일 동안 발효시킨 후 식초가 완성되면 맑은 상등액만 밀봉하여 그늘지고 서늘한 곳 에 보관하여 사용한다.

구증구포 구기자 만들기

1. 구기자는 깨끗하게 손질하여 맑은 청주에 적셔 채반에 건진다.
2. 바닥이 두터운 솥에 물을 넣고 찜기를 안친 후 바닥에 면포를 깔고 구기자를 바닥에 펴서 2~3분 정도 찐다.
3. 찐 구기자를 꺼내어 바람에 꾸들하게 말린다.
4. 찌고 말리기를 9회 반복한 후, 바닥이 두터운 팬에 구기자를 넣고 약한 불로 덖어서 완성 한다.

재료 구증구포 구기자 100g, 벌꿀 1kg, 청주 300㎖, 생수 5ℓ, 누룩가루 50g

성분 베타인, 루틴, 구꼬아민 A, 카로틴, 티아민
효능 간 기능 강화, 시력 보호, 노화 방지, 피부 미용, 혈관질환, 폐결핵, 변비, 설사, 기침 개선, 기력 증진, 골 다공증 치료, 허약체질 개선

다 래 식 초

산에서 산다는 것은 숲을 제집처럼 드나들 수 있는 기회가 많다는 것,

그리고 산자락 어디쯤에 두릅나무가 서 있고 참빗살나무가 함께 어울려 살고 있는지를

아는 것이다. 그러기에 봄에는 어김없이 그곳에 가서

그들이 피워낸 새순을 만나고 가을이면 열매를 거둬들인다.

나의 10년 된 단골 다래밭은 여귀산 중턱에 제멋대로 자라 큰 똬리를 틀어

멋진 의자 역할까지 해주는 오래 묵은 다래 군락지다.

그곳에서 매년 10kg 정도의 다래를 수확하여 다래식초를 만든다.

천연발효식초는 제힘으로 출발하여 우여곡절의 과정을 거쳐

아름답게 자신을 승화하는 긴 여정에서 얻어진 정직한 결정체다.

미생물과 사람이 함께 화합하여 빚어낸 맑고 향기로운 물의 아름다운 유혹이 시작된다.

만드는 순서

1. 쟁반 위에 다래를 펴고 천으로 덮어 완숙될 때까지 기다린다. 단맛이 생길 때까지 두었다 사용한다.

2. 쌀로 밥을 짓고 진하게 만든 맥아즙을 용기에 함께 넣은 후 65℃ 온도에서 6~7시간 동안 당화한다.

3. 당화된 내용물을 2ℓ가 될 때까지 중간 불에서 농축시킨 후, 따로 차갑게 식힌다.

4. 후숙된 다래를 헹구어 물기를 뺀다.

5. 차갑게 식힌 농축액에 다래와 누룩가루를 고루 섞어 용기에 담는다.

6. 60일 후에 즙액과 건더기를 분리하고 즙액만 따로 30일 더 후숙시킨다.

7. 완성된 식초는 침전물을 걸러 맑은 상등액만 밀봉 보관한다.

재료 다래 1kg, 엿기름가루 500g, 생수 4ℓ, 누룩가루 100g, 쌀 500g

성분 비타민 C, 타닌, 프로테아제

효능 간질환, 부기, 관절염, 당뇨, 류마티스, 수족냉증, 설사, 소화불량, 신경통, 신장염, 요통, 암, 위염, 잇몸병, 중풍, 통풍, 허리통증, 황달 치료, 해열, 이뇨 작용, 피로 회복, 강장 보호

대추
식초

마당이나 뜰이 있는 집 마당에는 어김없이 대추나무 한 그루쯤 서 있다.

우리나라 어느 지역에서나 잘 자랄 수 있는 특성 때문이기도 하지만

대추나무가 액을 막아주고 잡귀를 쫓아준다는

민간에서 전해 내려오는 속설의 영향도 적지 않다.

그런저런 까닭과 쓰임새 때문에 사람들과

가장 가까이에서 자라는

대추나무의 열매는

귀한 약재이며 식재료다.

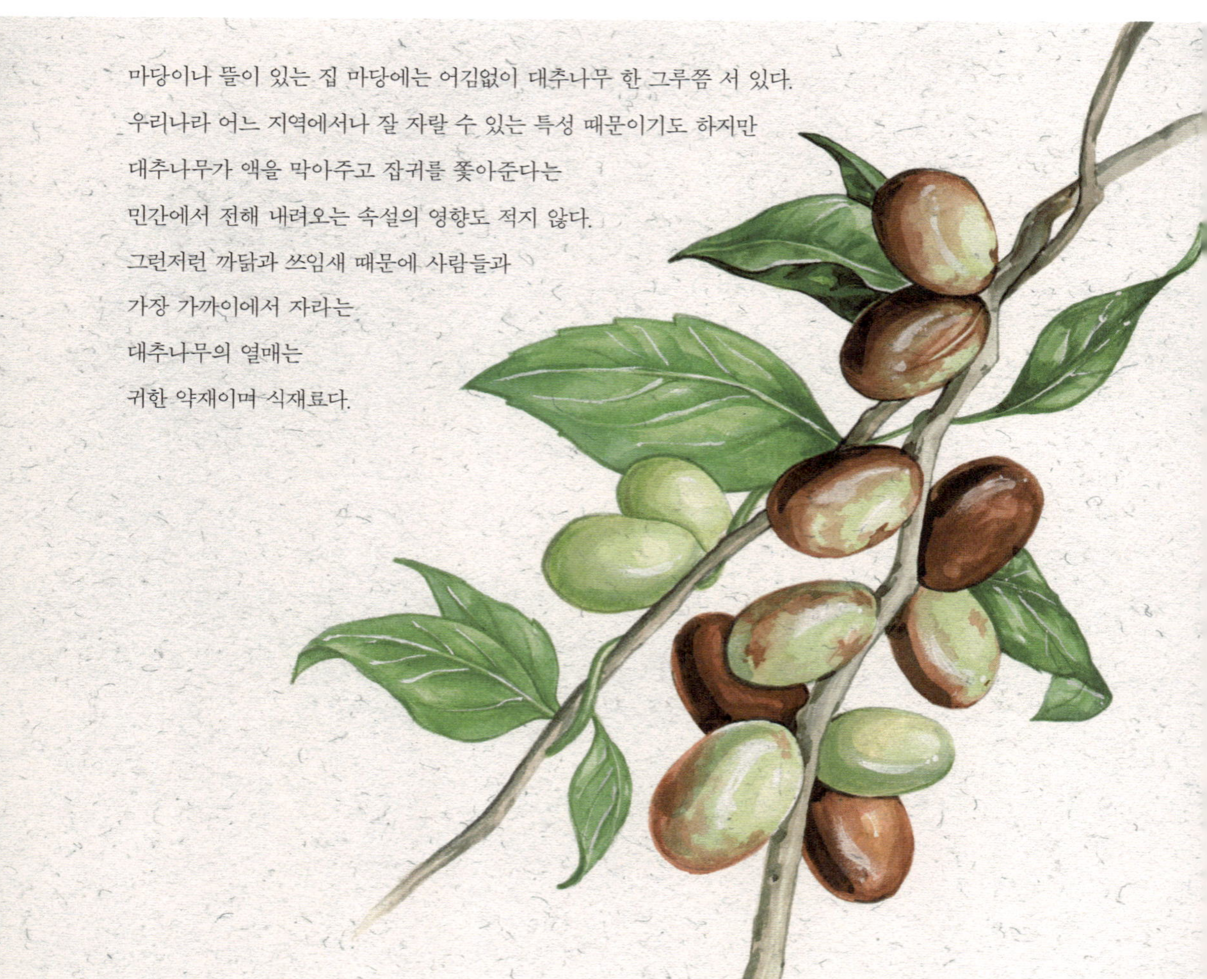

만드는 순서

1. 찹쌀을 깨끗하게 세척하여 3시간 동안 물에 불린다.

2. 대추는 10여 분간 물에 불린 후 씨를 발라낸다.

3. 불린 찹쌀과 대추를 고루 섞어 밥을 짓는다.

4. 완성된 대추밥을 차갑게 식혀 누룩가루를 고루 섞어 항아리에 담는다.

5. 10시간 후에 재료가 담긴 항아리에 생수를 붓는다.

6. 25℃ 온도에서 50여 일이 지나면 건더기와 즙액을 분리한다.

7. 분리된 즙액을 60여 일 동안 발효시킨 후 침전물을 걸러 맑은 상등액만 밀봉 보관한다. 침
   전물이 섞인 식초는 드레싱이나 생선 요리에 사용한다.

재료 대추 1kg, 찹쌀 1kg, 누룩 60g, 생수 4ℓ

성분 베타카로틴, 칼륨, 칼슘, 식이섬유, 비타민 B, 비타민 C, 타닌, 루틴

효능 면역력 증강, 간 기능 개선, 항종양, 정신 안정, 불면증 치료, 수족냉증 완화, 노화 방지, 심혈관질환 개
선, 백혈구 생성 촉진

매실
식초

몇 년 전부터 발효가 바람이 되어 술술
불어오더니 고을마다 집집마다 당절임이
한창이다. 당절임을 두고 발효액이냐
설탕물이냐 여기저기서 우려의 목소리가 나오자
정작 당절임으로 항아리를 가득 채운 사람들은 정성을 다해
만들고도 불안하다. 당절임의 주요 재료는 매실과 각종
산야초 과일이다. 설탕과 재료의 비율은 1 : 1로 정하는 것이
기본으로 알려져 있다. 그동안 우리가 알맞은 설탕의
비율을 고민해볼 새도 없이 얼마나 소스라치게
달달한 액체를 마음껏 마셔왔는지 알 수 있는
대목이다. 이미 온 가족의 입맛은 단맛에 익숙하다. 아이들의 뼈는 약해지고, 치아도 부실하다.
소아당뇨와 비만 등 어쩐지 당과 연관이 있을 것 같은 질병이 우리의 현실로 다가오고 있다.
바른길로 돌아가는 과정이 멀고 험하다. 중심을 잡아주어야 할 의사나 약사, 영양사, 교수,
식품을 다루는 사람들조차 서로의 의견이 달라 방송에서 반론을 거듭하는 모습을 보이기도 한다.
아무도 책임지지 않는 당절임 공식이 마치 표준인 것처럼 우리의 식탁을 잠식했다.
스스로 판단하고 기준을 정한다는 것이 다소 위험할지라도 이제 진지하게 생각할 때가 되었다.
당절임 1 : 1의 공식은 무엇을 의미하는지, 발효가 제대로 진행되고 있는지,
잔여 당은 얼마나 남아 있는지 알아보고 건강한 해결책을 실천해보자.
조금 더 안전할 수 있다면 번거롭더라도 그 수고를 마다해서는 안 될 것이다.

만드는 순서

1. 충분하게 익어 노르스름해진 매실을 선택하여 세척한 후 물기를 뺀다.

2. 매실청과 농익은 매실을 항아리에 담고 입구를 천이나 한지로 봉한다.

3. 2~3일에 한 번씩 나무 주걱으로 저어 매실이 골고루 추출되도록 한다.

4. 40일쯤 지나 건더기를 걸러 즙액만 따로 27~30℃ 온도에서 50여 일 동안 발효시킨다. 초산발효의 유도를 위해 2~3일에 한 번씩 충분하게 저어주면서 산소의 공급을 원활하게 돕는다.

5. 완성된 식초는 침전물을 걸러 맑은 상등액만 밀봉 보관하여 사용한다. 침전물은 드레싱이나 생선 조림, 초고추장에 활용할 수 있다.

재료 완숙 매실 1kg, 매실청 700g, 누룩 20g

성분 기질, 비타민, 유기산(구연산, 사과산, 피크린산)

효능 간 기능 개선, 골다공증, 빈혈, 변비, 생리불순, 소화 촉진, 식중독 예방, 위장질환 개선, 피로 회복, 항균 작용

매실발효액 만들기 주의사항

생 매실은 씨앗이 과육의 1/3 정도를 차지한다. 때문에 과육의 무게만큼만 설탕을 첨가해도 충분한 시럽 상태에 이른다. 씨앗의 무게까지 포함해서 설탕을 첨가할 경우에는 문제가 될 수밖에 없다. 이렇게 추출된 즙 안에 녹아 있는 설탕은 발효의 환경을 나쁘게 만든다. 그러니 결과물은 매실 성분이 녹아 있는 단순한 매실설탕농축액이 될 수밖에 없다. 설탕에 절여진 매실청과 매실발효액은 맛도 다르고, 풍미도 다르며 당연히 성분도 달라진다.

발효식초에 매실청 활용하기

이미 만들어진 매실청을 설탕 대용으로 써서 과일식초를 만들어보자. 배나 사과, 바나나, 매실 등을 매실청과 혼합하면 알코올을 생성시켜 초산발효를 유도할 수 있다.

머루
식초

가을 산의 낙엽들과 가을꽃들이 짧아진 햇볕의 길이만큼

초조하게 맛과 향기를 완성해갈 즈음,

산기슭 넝쿨진 머루나무를 만나면 말없이 다가가 먼저 한 입 가득 오물거려본다.

누가 길어온 샘물인가?

달콤함과 새콤함의 절묘한 배합 비율.

과육보다 단단한 씨로 무장한 야생 머루를 항아리에 넣어

발효시키면 도도한 와인 빛깔의 식초가 등장한다.

오래둘수록 더욱 풍미가 깊어지는

천연머루식초는 이렇게 만들어진다.

만드는 순서

1. 머루는 알알이 따서 흐르는 물에 2~3회 헹구어 소쿠리에 건진다.

2. 밑이 두꺼운 냄비에 머루를 담고 나무 방망이로 가볍게 으깬다.

3. 으깬 머루에 누룩가루와 벌꿀을 섞고 옹기단지에 담아 한지나 천으로 밀봉한다.

4. 25℃ 온도에서 40여 일 동안 발효시킨 후 즙액과 건더기를 분리한다.

5. 즙액만 다시 60여 일 동안 후숙시키고 침전물을 걸러 맑은 상등액만 밀봉 보관한다.

재료 머루 2kg, 누룩가루 20g, 벌꿀 500g

성분 비타민, 미네랄, 유기산, 폴리페놀

효능 야맹증, 당뇨병, 고혈압, 동맥경화, 관절염, 심장병, 만성기관지염, 기관지천식 개선

멜 론 식 초

10여 년 전에 멜론 농사를 지어본 경험이 있어서인지 멜론은 매력적인 느낌을 준다.

어린 멜론은 장아찌나 피클, 비늘김치, 깍두기 등으로 다양하게 쓰이며,

잘 익은 멜론은 쨈, 주스, 발효액, 술, 식초 등으로 유용하게 쓸 수 있는 식재료다.

비가림막이 있는 시설에서 잘 자라지만 모양새를 따지지 않는다면

제철에 노지에서도 수확할 수 있다.

한 포기가 줄기를 뻗어가면서 주렁주렁 10여 개 이상의 열매가 생기는데

보통 1~2개를 남기고 나머지는 솎아준다.

그러나 반찬용이라면 그대로 길러 어른 주먹 크기로 자랄 때까지

기다렸다 따내어 용도별로 사용한다.

만드는 순서

1. 찹쌀을 깨끗하게 세척하여 30분 동안 불린 후 고슬고슬하게 밥을 짓는다.

2. 찹쌀밥을 차갑게 식힌 후 누룩가루를 섞어 채반에 펴고 젖은 면포를 덮어 24시간 동안 둔다.

3. 멜론은 껍질을 벗겨 씨앗과 함께 분쇄하여 준비한다.

4. 누룩가루가 섞인 찹쌀밥과 분쇄된 멜론을 섞어 항아리에 담고, 25~27℃ 온도에서 60여 일 동안 발효시킨다.

5. 건더기를 분리한 즙액을 40일 동안 후숙시킨 후 완성한다.

6. 완성된 식초는 침전물을 걸러 맑은 상등액만 밀봉 보관한다.

재료 농익은 멜론 2개, 찹쌀 1kg, 누룩가루 100g

성분 베타카로틴, 카로티노이드, 비타민 A·B·C, 섬유질, 칼륨, 철분, 리코펜

효능 가래, 마른기침, 림프절결핵, 위경, 폐경, 폐농양, 충수염 개선 , 항암, 해열 작용, 나트륨 배출, 피로 회복, 숙취 해소, 스트레스 해소

활용 tip

·생과일과 플레인 요구르트, 벌꿀, 식초 등을 함께 믹서하여 냉동실에 30분쯤 넣어둔 후, 부드러운 멜론 식초 아이스크림으로 만들어 먹는다.

·과음 전후 식초와 생수, 벌꿀을 1 : 3 : 1의 비율로 희석하여 마신다.

·과일 샐러드에 드레싱으로 활용한다.

모과 식초

청명한 5월 아침, 이슬에 함초롬하게 젖어 있는 모과꽃을 본 적이 있는가.

불그스레한 꽃잎은 단단한 나뭇결과는 대조적으로 여리고 단아한 모습이다.

그 꽃이 진 자리에 모과가 달리는 것을 상상하기 어려울 정도다.

꽃이 지고 나면 콩알처럼 작은 열매가 달리고 6월 장마가 지나 무더운 여름이 오면

길쭉하고 울퉁불퉁한 모습의 모과가 어엿하게 달린다.

10월에 찬 서리가 내리고 건조한 바람에 잎이 말라 떨어지고 나면 노랗게 매달려

향기가 진동하는 모과가 농익어 하나둘씩 떨어진다.

워낙 단단하여 칼날조차 거부하는 모과를

쪼개어보면 자잘한 씨앗과 속살이 드러나는데

맛은 시고 떫다.

모과 특유의 향기는 많은 사람들을 매료시키기에

충분하다. 차 안이나 방 안에 한두 개만 놓아도

상큼한 향기가 진동한다. 모과는 그 향기 속에

무얼 숨겼을까.

모과는 한겨울 감기를 이기기 위해 차로

마시기도 하지만 발효 과정을 거친 모과를

음용하는 것도 좋다.

아주 특별한 맛과 영양을 갖춘 모과식초를 맛보자.

만드는 순서

1. 모과는 농도 1%의 식초물에 10분 동안 담가 표면의 정유 성분을 적당히 씻어낸다.

2. 씨와 씨방을 제거한 후, 과육을 얇게 져며 벌꿀에 24시간 동안 재운다.

3. 재운 모과에 식혜를 부어 27~30℃ 온도에서 60여 일 동안 발효한 후 건더기와 즙액을 분리한다.

4. 즙액을 담은 용기 입구를 천이나 한지로 봉하여 90일 동안 2~3일에 한 번씩 나무 주걱으로 저어가며 발효시킨 후 완성한다.

5. 완성된 식초는 밀봉하여 서늘한 곳에 보관한다.

재료　모과 2kg, 벌꿀 1kg, 식혜 1ℓ

성분　비타민 C, 플라보노이드, 사과산, 구연산, 타닌, 철, 칼슘, 칼륨

효능　갈증 해소, 근육통 치료, 기침과 감기 예방, 면역력 증진, 변비 개선, 소화불량 개선, 숙취 해소, 위경련 완화, 입덧 완화, 피로 회복, 해독 작용

무화과 식초

꽃을 피우지 않고 그 안에 품은 채 열매가 되어서 향기롭고 달콤한 맛을 지닌 무화과.

우리나라에서는 충청 이남에서만 월동이 가능하여 주로 남도 지방에서 생산된다.

가장 빨리 성숙한 조생종은 여름에 맛볼 수 있으며

늦게 수확되는 품종은 늦가을까지 만날 수 있다.

무화과는 식감이 부드럽고 향기로우며 달콤한 맛 안에 숨겨져 있는 성분은

놀랍도록 우수하다. 단백질 분해물질이 있어서

육식을 한 후에 소화를 돕고, 노화를 방지하거나

항암 작용을 하는 물질이 들어 있으니

얼마나 고마운 열매인가.

무화과나무 한두 그루 마당에 서 있으면

천천히 늙어가도 좋을 듯하다.

만드는 순서

1. 무화과는 솔로 표면에 먼지와 잡티를 털어내고 항아리에 켜켜로 누룩가루와 함께 담는다.
   마지막 무화과를 올린 후 조청을 붓고 그 위에 누룩가루 한 줌을 넣는다.
2. 항아리의 입구를 봉하고 25~27℃ 온도에서 60여 일 동안 발효시킨다.
3. 무화과의 과육이 빠져나오고 껍질 부분의 섬유질만 남으면 베자루에 넣고 눌러 즙액을 분
   리한다.
4. 새콤한 무화과액을 유리나 옹기로 된 용기에 담아 27~30℃ 온도에서 60여 일 동안 후숙
   시켜 완성한다.
5. 풍미를 보존하기 위해 작은 단위로 포장하여 햇볕이 들지 않는 서늘한 곳에 보관한다.

재료 무화과 10kg, 누룩가루 100g, 조청 1kg

성분 안토시안, 폴리페놀, 피신, 포도당, 유기산, 섬유질

효능 각혈 치료, 구충제 기능, 신경통, 피부병 개선, 중성지방 분해, 림프액 조절, 변비, 장염, 설사 치료, 시력
개선, 독소 제거, 혈압 안정

바나나 식초

바나나는 우리 토종의 과일은 아니지만 오랜 시간 우리 생활 속에 함께 해오며

우리 땅에서 생산되는 과일처럼 친숙해졌다. 바나나의 값도 십년 전이나 지금이나

큰 변동이 없어 관심만 가지면 많이 활용할 수 있는 재료다.

한때 바나나식초가 다이어트에 효과적이라는 연구 결과가

발표되면서 세간에 큰 반향을 일으키기도 하였다.

그러할지라도 식품과 몸은 서로 궁합이 맞아야 효과가 크다.

일반적으로 바나나는 달콤하고 부드러운 과육을 가졌지만 성질은 차다고 알려져 있다.

바나나의 찬 성질을 완화하고 성분의 흡수율을 높이려면

바나나의 원래 성질을 바꾸어주는 것이 필요한데

그것을 미생물들에게 부탁해보자.

우리 몸을 도울 수 있는 조건이

잘 갖추어진 바나나를 활용하면

오늘을 살아갈 활력을

얻을 수 있을 것이다.

만드는 순서

1. 바나나는 잘 익은 것으로 선택하여 껍질을 벗긴 후 반으로 자른다.

2. 준비된 바나나와 벌꿀을 버무려 항아리에 넣고, 그 위에 누룩가루를 뿌려준다.

3. 40여 일이 지나 바나나의 과육이 그물망처럼 섬유질만 남게 되면 즙액만 따로 분리한다.

4. 즙액을 항아리나 유리병에 넣고 27~30℃ 온도에서 60일 동안 후숙시키면 산도가 높은 바나나식초가 완성된다.

재료 바나나 5kg, 벌꿀 1kg, 누룩가루 50g

성분 비타민 A·B·C·E, 베타카로틴, 세로토닌, 도파민, 마그네슘, 타닌, 칼슘, 칼륨, 폴리페놀

효능 고혈압 개선, 노화 방지, 변비 예방, 위점막 보호, 위궤양 개선, 우울증 치료, 청혈 작용, 해독 작용, 폐 기능 개선, 고혈압, 위장병 예방, 기침 완화

배
식 초

사계절이 아직 뚜렷하게 남아 있다는 것은 크나큰 축복이다.

철을 따라 꽃이 피고 열매가 열려 매년 그맘때쯤을 기다리는 마음은 설레기만 하다.

자연에서 얻은 재료를 가지고 새로운 무엇인가를 빚어내는 손길들이 분주하지만

순간순간 기쁨이 묻어 있는 고마운 일상이다.

4월이 되면 배나무에 눈꽃처럼 흰 꽃잎들이 피어나 달 밝은 밤이 되면

계절을 착각할 만큼 신비로운 광경이 펼쳐진다.

꽃이 지고 난 자리에 콩알처럼 작은 열매가 달리고

봄, 여름을 지나는 동안 쑥쑥 자라게 되면

9월쯤 찬란한 금빛을 띤 온전한 모양의 배를 만나게 된다.

항상 가을을 기다리게 하는 경이롭고 고마운 존재.

그 신실한 열매 안에는 우리 몸을 지켜주는

신비한 물질들로 가득하다.

가을의 찬란한 금빛을 담아

초를 만들어보자.

만드는 순서

1. 배는 세척하여 껍질과 씨방을 제거하고 속살만 잘게 분쇄한다.

2. 배에 누룩가루를 골고루 섞어 30여 분 동안 놓아둔다.

3. 2에 벌꿀을 섞어 항아리에 담아 25℃ 온도에서 발효시킨다.

4. 40여 일이 지나면 건더기와 즙액을 분리한다.

5. 항아리에 즙액을 담고 입구를 2~3겹의 거즈로 봉하여 산소가 잘 유입되도록 한다.

6. 27~30℃ 온도에서 3개월 동안 발효시킨다.

7. 식초가 적당하게 익으면 침전물을 걸러 맑은 상등액만 밀봉 보관한다.

재료 배 과육 5kg, 벌꿀 1kg, 누룩가루 100g

성분 사과산, 구연산, 루테올린, 비타민 C, 폴리페놀, 플라보노이드, 미네랄

효능 호흡기질환, 고혈압 개선, 항산화, 항염, 항암 작용

복숭아
식　초

한여름에 복숭아밭 옆을 지나면 복숭아의 향기에 취해 차를 세우고 내려서서

좌판에 나와 앉은 복숭아밭 주인아저씨와 흥정을 벌인다.

못생겼어도 괜찮으니 건강한 녀석을 원하는 나, 좋은 복숭아를 좋은 가격에 팔려고 하는

주인아저씨. 우리는 5분도 지나치 않아 바로 타협점에 도달한다.

식용할 복숭아 한 봉지, 식초 만들 복숭아 한 상자.

이렇게 결정하고 나면 주인아저씨는 늘 덤으로 복숭아를 다섯 개쯤 더 주신다.

연분홍 꽃이 만개했던 봄날을 생각하면 시간이 참 빠르게 지나갔다.

무더위에 지쳤을 때 복숭아 한 입은 얼마나 큰 위로인가.

새콤하고 시원한 식초 차 한 잔은 여름을 얼마나 생기롭게 하는가.

이토록 고마운 존재는 품고 있는 성분들도 우수하다.

한 계절 맘껏 복숭아를 즐기다 보면

우리 몸의 크고 작은 질병들이 물러갈 것이다.

만드는 순서

1. 말랑말랑하게 잘 익은 복숭아를 선택하여 껍질을 벗기고 씨를 발라낸 후 3~4cm 크기로
   자른다.
2. 복숭아 과육과 벌꿀을 잘 섞어 항아리에 담고 그 위에 누룩가루를 뿌려준다.
3. 27~30℃ 온도에서 2개월 동안 발효시킨다.
4. 새콤한 냄새가 풍겨오면 고운체로 걸러 즙액만 용기에 담아 1~2개월 동안 2차 숙성시켜
   완성한다.
5. 완성된 식초는 침전물을 걸러 맑은 상등액만 밀봉 보관한다.

재료 복숭아 10개, 벌꿀 1kg, 누룩가루 30g

성분 구연산, 능금산, 리보플래빈, 무기질, 비타민 C, 섬유소, 카로틴, 펙틴
효능 가래, 기침, 변비, 생리불순, 생리통 개선, 장운동 촉진, 혈전 용해, 피로 회복, 항염 작용

블루베리 식초

타임지가 선정한 세계 10대 슈퍼푸드에 당당하게 이름을 올린 블루베리의 고향은
북아메리카다. 우리나라에 처음 원예용으로 들어와 이제는 과일의 한 축을 담당할 만큼
친숙한 식재료가 되었다. 블루베리는 안토시안을 함유하는 과일의 대표주자다.
항산화물질인 안토시안의 함량이 다른 과일에 비해 높아 시력 감퇴나 노화를 방지하고
항암, 치매 예방에 탁월하여 현대인들의 걱정을 덜어주는 건강식품으로서의 역할을
잘 해내고 있다. 종류도 다양하여 수확 시기와 맛, 색상 등이
각각 달라 소비자들의 선택의 폭도 넓어졌다.
안토시안이 초산에 비교적 안정적인 점을 감안하여
식초를 만들어두면 여러 해 동안 빛깔과
풍미가 뛰어난 식초를 즐길 수 있다.

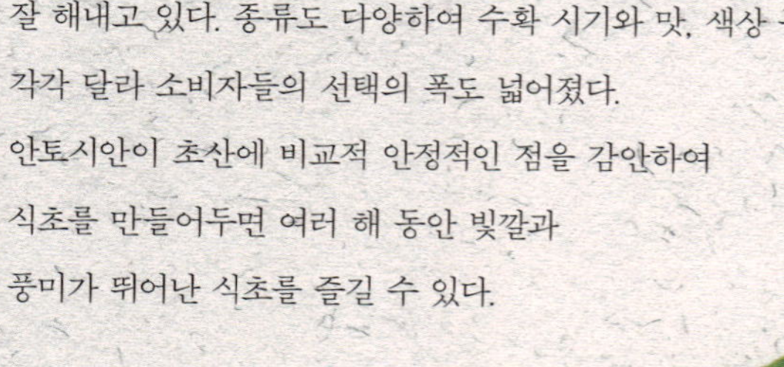

만드는 순서

1. 잘 익은 블루베리를 선택하여 티를 골라내고 절구 공이로 으깨어 준비한다.

2. 60℃ 온도에서 1시간 동안 열탕하여 껍질과 과육이 잘 분리되도록 한다.

3. 블루베리를 소쿠리에 담아 나무 주걱으로 문질러 즙을 추출한다.

4. 블루베리추출액을 60℃의 열에서 1시간 동안 농축하여 식힌다.

5. 농축액에 누룩가루를 첨가하여 용기에 담고 입구를 한지로 봉한 후 25~27℃ 온도에서 90여 일 동안 발효시켜 완성한다.

6. 완성된 식초는 여과하여 맑은 액만 밀봉 보관한다.

재료　블루베리 5kg, 누룩가루 30g

성분　망간, 비타민 C, 안토시안, 철분, 클로로겐산, 펙틴, 칼슘

효능　항산화, 항암, 항염, 항궤양 작용, 피로 회복, 다이어트, 노화 방지, 치매 예방, 당뇨병, 괴혈병, 전립선 암 등 비뇨기질환, 자궁경부암, 유방암, 대장암 개선

블루베리식초로 두부 만들기

흰콩을 불려 믹서에 갈고 채로 걸러서 콩물을 만든 후 열을 가하여 끓어오르면 블루베리식초를 뿌려준다. 응고가 되면 거즈에 받쳐 건진 후 블루베리식초 연두부나 순두부로 만들어 먹는다.

비파
식초

주로 남쪽 해안가에 자생하거나 재배되고 있는 비파나무는 늦가을에서 초겨울에 꽃을 피운다.
길쭉한 꽃송이는 포도송이처럼 여러 개의 작은 꽃으로 이루어져 있다. 모든 꽃이 열매가 되는 것
은 아니고 겨울을 잘 이겨내는 것들만 살아남아 열매로 성장한다. 6월 장마가 한창일 때부터 여
름까지 수확할 수 있다. 이름은 생김새가 비파라는 악기 모양과 닮았다 하여 붙여졌고, 짙푸른 비
파열매가 온전하게 익으면 바나나처럼 노란 빛깔을 띤다. 멀리서도 보일 정도로 빛깔이 아주 곱
다. 맛은 달콤하고 새콤하면서 그 뒤에 은은한 향기가 남는다. 껍질은 손으로도 잘 벗겨질 만큼
부드럽고 얇다. 씨앗은 뭉뚝한 모양으로 2~3개 정도 들어 있다.

비파가 익어갈 무렵이면 갑자기 주변에 새들이 많아진다.
새들과의 경쟁에서 비파열매를 하나라도 온전하게 얻으려면
부지런해야 한다. 이른 아침 새들이 깨어나는 시간에 맞춰
비파나무밭으로 달려가 큰소리로 노래를 부르며 내가 먼저
와 있다는 신호를 보낸다. 그들은 나무 주변에서
깍깍거리며 불만을 토로하지만
나도 꼭 필요한 열매인 걸 어쩌하랴.
비파열매 안에는 다양한 성분이 가득하다.
겨울에도 잎이 지지 않고 푸르게 서서
꽃을 피우는 비파나무는
늘 든든한 우리 집 약국이다.

만드는 순서

1. 비파열매는 표면에 잔털이 남지 않도록 세심하게 한 알 한 알 세척한다.

2. 잎은 뒷면의 솜털을 솔로 털어내고 칫솔로 문질러 말끔하게 씻어 준비한다.

2. 비파는 2등분으로 쪼개어 씨앗을 골라내고, 잎은 2~3cm 크기로 썰어 함께 섞는다.

3. 비파와 잎에 벌꿀을 버무리고 누룩가루도 함께 섞어 항아리에 담고 20일 동안 재워둔다.

4. 항아리에 농축맥아즙을 붓고 잘 저어 섞은 후 27~30℃ 온도에서 60일 동안 발효시킨다.

5. 건더기와 즙액을 분리하여 즙액만 따로 60일 동안 후숙시켜 완성한다.

6. 완성된 식초는 침전물을 걸러 맑은 상등액만 밀봉 보관한다.

재료 비파열매 3kg, 비파잎 200g, 벌꿀 1kg, 누룩가루 50g, 농축맥아즙 2ℓ

성분 글루탐산, 리신, 비타민 B₁, 비타민 C, 베타카로틴, 셀룰로오스, 아미노산, 아미그달린, 아르기닌, 아스파르트산, 유기산, 카로티노이드, 칼륨, 플라보노이드

효능 면역력 증강, 불면증, 두통, 피부병, 폐질환 치료, 피로 회복, 피부질환, 호흡기질환 개선, 항암 효과

사 과
식 초

가을에서 이른 봄까지 시장 어디에서나 쉽게 눈에 띄는 과일 중 하나가 사과다.

사과가 풍년인 해에는 어김없이 헐값에 나오는 맛 좋은 사과를 만나게 된다.

이런 해에 사과를 한 상자 사서 수년 동안 사용할 식초나

청을 만들어두면 효율적으로 활용할 수 있다.

사과는 이미 잘 알려진 만큼

우수한 성분을 다양하게 가지고 있으니

건강을 위해 매일 먹는 습관을 들이는 것도

바람직하다.

만드는 순서

1. 찹쌀을 깨끗하게 세척하여 30분 동안 불린 뒤 고두밥을 짓는다.

2. 사과는 농도 1%의 식초물에 10분 동안 담근 후 깨끗하게 세척하여 씨와 씨방을 제거하고 분쇄한다.

3. 찹쌀밥과 분쇄한 사과, 엿기름가루를 고루 섞어 65℃ 온도에서 5~6시간 동안 당화한다.

4. 당화된 내용물을 식혀 항아리에 담고 25℃ 온도에서 40여 일 동안 발효시킨다.

5. 건더기를 걸러 즙액만 따로 2개월 동안 후숙시켜 완성한다.

6. 완성된 식초는 건더기를 걸러 맑은 상등액만 밀봉 보관하여 사용한다.

재료 사과 10개, 찹쌀 2kg, 엿기름가루 1kg

성분 구연산, 단백질, 비타민 A·B·C, 유기산, 칼슘, 펙틴, 플라보노이드

효능 고혈압, 당뇨병 예방, 담즙 분비, 소화 촉진, 변비 개선, 뇌 기능 향상, 콜레스테롤 감소, 피로 회복, 피부 미용, 충치 예방, 정장 작용

산 딸 기
식 초

자연이 지나치게 훼손되었다고 걱정하는 목소리들이 많다.

하지만 봄이 깊어갈수록 산에 지천으로 익어가는 산딸기는 그런 염려도

잠시 잊게 해준다. 움트고 자라나고 꽃 피고 열매 맺는 살아 있는

모든 생명의 기운을 확인하고 느껴볼 수 있는 시간.

그것은 자연이 주는 온전한 선물이다.

야생 산딸기는 장마가 오기 전까지는

씨앗도 그다지 단단하지 않고 과즙도 풍부하여

맛과 향이 훌륭하다. 빛깔은 붉고 영롱하기 그지없다.

어둡고 칙칙한 흙에서 푸르게 성장하여 형언할 수 없이

아름다운 산딸기밭이 펼쳐진다.

영롱한 빛깔의 산딸기는 어떤 건강한 기운을

품고 있을까. 언제나 그렇듯 자연은 만병통치약이다.

오늘도 밭에 나가 산딸기 한 바구니 얻어 와서

붉은 빛의 초 한 병에

영롱한 기운을 담는다.

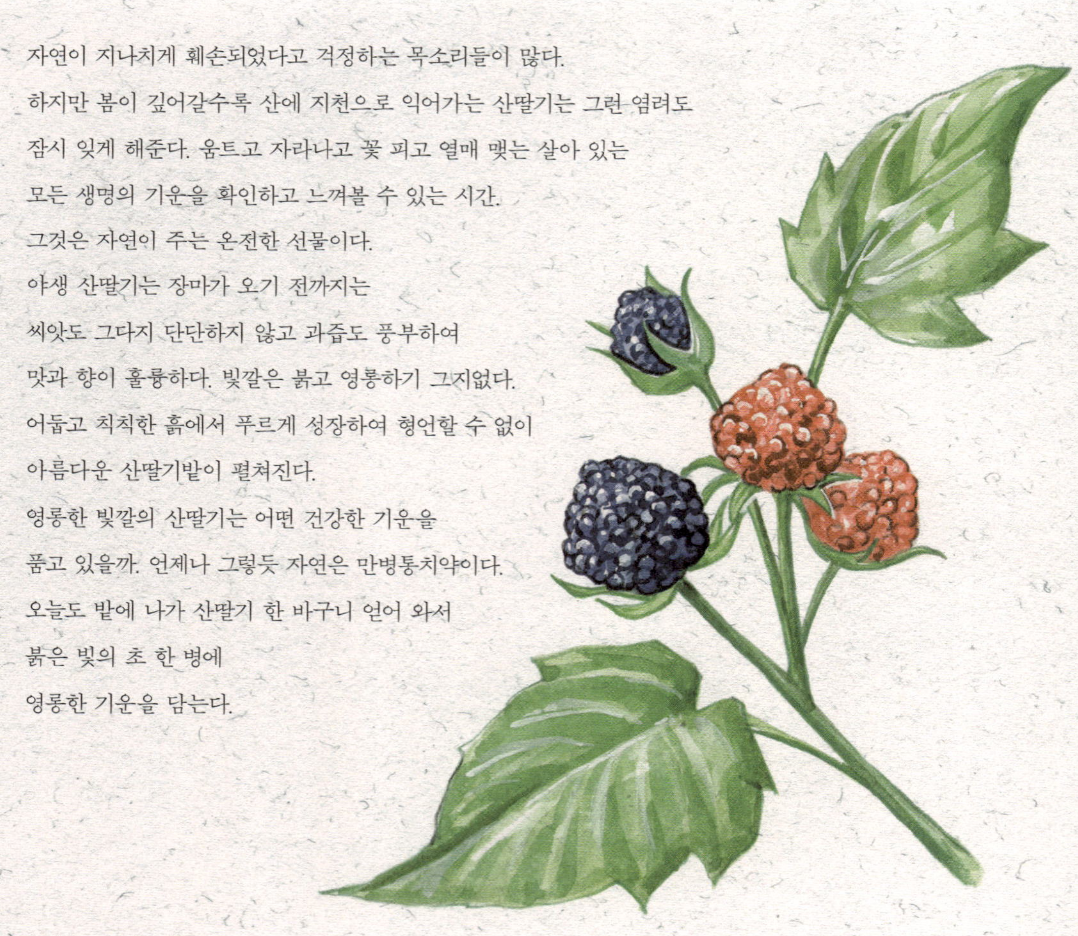

만드는 순서

1. 찹쌀을 씻어 고슬고슬하게 밥을 짓는다.

2. 생수로 엿기름을 걸러 맥아즙을 만들어 찹쌀밥 위에 붓고 65℃ 온도에서 5시간 동안 당화한다.

3. 2를 즙액만 분리하여 약한 불에서 1ℓ가 될 때까지 농축한다.

4. 산딸기는 나무 주걱으로 으깨어 누룩가루와 농축맥아즙을 넣고 고루 섞는다.

5. 항아리나 유리병에 담아 25℃ 온도에서 30여 일 동안 1차 발효액을 추출한다.

6. 추출된 액체는 2~3일에 한 번씩 저어주면서 60여 일 동안 발효시켜 완성한다.

7. 완성된 식초는 침전물을 걸러 맑은 상등액만 밀봉 보관한다. 침전물이 섞인 식초는 드레싱으로 활용한다.

재료 산딸기 1kg, 누룩가루 70g, 찹쌀 200g, 엿기름가루 300g, 생수 3ℓ

성분 구연산, 비타민 C, 베타카로틴, 사과산, 안토시안, 칼륨, 칼슘, 피토에스트로겐, 폴리페놀

효능 갱년기 장애, 노폐물 제거, 노화 방지, 시력 증진, 야뇨증 개선, 정력 증강, 피로 회복, 피부 미용, 활성산소 제거, 혈액순환 개선

산수유
식　초

초겨울에 첫눈이 내리거나 밤새 무서리가 내리면

작은 얼음조각들이 아침 햇살에 반사경처럼 빛난다.

이때 붉고 자잘한 열매들이 매달려 있는 모습을 보면

그 하루는 온통 그 작은 열매들을 따내어 과육과

씨를 나누는 일로 보내게 된다.

산수유라는 이름의 이 열매를 깨무는 순간

그 붉은 빛 안을 온통 채우고 있는 신맛과 쓴맛,

떫은맛을 모두 만나게 된다.

산수유는 이른 봄에 앙상한 나목들 사이에서 노란 꽃을 피워

긴 겨울을 지나온 숲에 생기를 돋게 한다.

그래서인지 잎보다는 꽃을 먼저 피우는 것이 특징이다.

9월이 되면 열매에 선홍빛이 돌며

11월쯤 되면 점차 검붉게 농익어 수확할 수 있게 된다.

산수유의 다양한 맛처럼 여러 종류의 물질들이

서로 다른 성분이 되어 앞다투어

몸속으로 들어오는 호사를 누려보자.

만드는 순서

1. 산수유를 소쿠리에 넣고 잡티를 골라내어 세척한 후 건져서 물기를 뺀다.

2. 찹쌀은 세척하여 30분 동안 불려 밥을 짓는다.

3. 엿기름가루는 생수에 진하게 녹여 맥아즙을 만든다.

4. 찹쌀밥에 농축맥아즙을 넣고 65℃ 온도에서 5~6시간 동안 당화한다.

5. 산수유와 당화액을 함께 끓인 후 소쿠리에서 산수유를 문질러 씨와 과육으로 분리한다.

6. 산수유 과육을 중간 세기의 불에서 2/3 정도의 양으로 농축한다.

7. 산수유농축액을 차갑게 식혀 누룩가루를 섞은 후 항아리에 넣고, 25~27℃ 온도에서 3개
   월 동안 발효시킨다.

8. 완성된 식초는 침전물을 걸러 맑은 상등액만 2개월 동안 후숙시킨 후 사용한다.

재료 산수유 1kg, 찹쌀 1kg, 엿기름가루 500g, 누룩가루 50g, 생수 5ℓ

성분 비타민 A, 사포닌, 사과산, 유기산, 로가닌, 코르닌

효능 백혈구 증가, 이명, 현기증, 당뇨 치료, 자양강장, 항암 작용, 허리통증 완화, 혈당 강하

석 류
식 초

어릴 적 기억 속에는 몇 가지 풍경들이 선명한 색으로 남아 있다.

늙은 호박의 노란 속살, 여름날 칸나꽃의 눈부셨던 붉은 빛, 고구마밭고랑에서 익어가던

아기 주먹 크기의 얼룩무늬 개구리참외, 그리고 송이가 익어서 쏟아질 것만 같았던

붉은 석류알에 대한 진한 기억이다.

가을바람에 나무의 잎은 지고 붉은 석류만 가지에 남아

쪽빛 하늘과 함께 한없이 높게만 보였던 이 기억이 소중하여

지금도 석류를 만나면 애틋하다.

석류는 붉은 빛깔을 머금고 있는 새콤한 과즙의 효능 때문에

여자들을 위한 과일로도 불린다.

자신을 아낌없이 내어놓는

고마운 열매는

자연의 좋은 선물이다.

만드는 순서

1. 석류는 겉껍질을 벗기고 알맹이만 꺼내어 준비한다.

2. 석류와 조청, 누룩가루를 함께 섞어 항아리에 넣고 입구를 두꺼운 천으로 봉한다.

3. 50일이 지나 석류 알맹이에서 과육의 형태가 보이지 않으면 건더기와 즙액을 분리한다.

4. 즙액만 따로 27~30℃ 온도에서 60일 동안 발효시킨다.

5. 완성된 식초는 침전물을 걸러 맑은 상등액만 밀봉 보관한다.

재료 석류 5kg, 조청 3kg, 누룩가루 50g

성분 구연산, 미네랄, 비타민 A, 비타민 B, 안토시안, 에스트로겐, 포도당, 펙틴

효능 갱년기장애 개선, 기미·주근깨 개선, 노화 방지, 면역력 증강, 시력 개선, 장염 치료, 피로 회복

수박식초

제철을 잃어버린 과일이나 채소들이 부쩍 많아진 요즈음

계절과 관계없이 겨울부터 봄, 여름까지 만날 수 있는 것이 수박이다.

큰 과일이다 보니 한꺼번에 먹기가 부담스럽기도 하다.

이런저런 이유로 수박은 냉장고의 한 부분을 차지하고 남아 있게 된다.

남은 수박의 붉은 속살로 초를 담가두고 여름 수박이 생각날 때 한 잔 내어보자.

수박은 우리 몸에 이로움을 많이 주는 물질을 가지고 있으며

언제나 쉽게 활용할 수 있는 재료다.

그 크기만큼이나 수박 한 덩이에서 얻을 수 있는 것도

참 다양하다. 수박은 과일로도 즐기지만

발효의 재료로도 훌륭하다는 것을 기억하자.

만드는 순서

1. 수박 속살은 분쇄하여 수박즙과 함께 중간 정도의 불에서 3kg이 될 때까지 농축한다.

2. 농축된 수박즙을 차갑게 식힌 후 누룩가루를 섞어 용기에 담는다.

3. 용기의 입구를 한지로 봉하고 25~27℃ 온도에서 2~3일에 한 번씩 흔들어주면서 발효시킨다.

4. 60일 후 거즈에 건더기를 걸러 즙액만 따로 40여 일 동안 후숙시켜 완성한다.

재료 수박 속살 5kg, 누룩가루 200g

성분 수분, 비타민 C, 라이코펜, 아미노산

효능 노화 방지, 다이어트 효과, 부종 치료, 이뇨 작용, 체내노폐물 제거, 피로 회복, 혈압 강하, 혈관질환 예방, 활성산소 제거

수세미 식초

사계절이 지나가는 풍경을 따라 잎을 따고 꽃을 보며 열매를 만진다는 것이

얼마나 큰 행운인지는 많은 시간이 흐른 후 알게 된다.

인생에서 시간이 많이 남지 않았다고 느껴질 때 깨닫게 된다. 그것도 아주 절실하게.

누구에게나 공평하게 주어지는 평범한 일상의 소중함이

더욱 돋보이는 계절이 가을이다.

대추나무며, 모과나무, 담장을 타고 주렁주렁 매달린

수세미자루들. 손가락 크기의 열매가

매달려 있던 게 엊그제 같은데 어느덧 한 해의

끝자락을 달려왔나 보다.

30~40cm 크기의 통통하고 긴 자루모양의 수세미들이 한 해의

여운처럼 가을 풍경 한가운데 매달렸다.

수세미는 참 쓰임새가 많은 식물이다.

갈색에 가깝게 익은 것은 껍질과 씨를 발라내어

속은 그릇 씻는 용도로 쓴다.

또 씨와 껍질은 가루 내어 팩의 재료로 쓰면

기미, 주근깨에 효과가 있다.

아직 익지 않은 수세미는 초를 만들어 마시거나

피부에 바르면 여러 가지 피부질환이나

기관지질환에 도움이 크다. 수세미식초는 마시면서 바르는 건강한 천연발효식초다.

만드는 순서

1. 푸른 수세미들을 만져보고 탄력이 있는 것으로 준비하여 겉을 부드러운 솔로 깨끗하게 문질러 씻는다.

2. 수세미는 결을 따라 1cm 크기로 납작하게 썰어 벌꿀이나 조청을 넣어 함께 버무린다.

3. 2에 누룩가루를 첨가하여 섞은 후 항아리나 유리병에 담는다.

4. 병의 입구는 한지나 2겹 거즈로 봉하여 25℃ 온도에서 관리한다.

5. 발효가 7일쯤 지나면 수세미의 수분이 추출되면서 액체가 많이 생겨 수세미가 수면 위로 떠오르게 된다. 이때부터 나무 주걱으로 하루에 두세 번씩 저어주면서 관리한다.

6. 50일쯤 지나 수세미 색깔이 갈색으로 변하고 쭈글거리게 되면 즙액과 건더기를 분리하여 즙액만 따뜻한 공간에서 초산발효를 시킨다. 70~90일 사이에 수세미 식초가 만들어진다. 풍미를 더하고 약성을 높이기 위해 후숙 기간이 필요하지만 이때부터 음용하거나 음식에 첨가, 피부에 사용하여도 무방하다.

재료 수세미 5kg, 벌꿀이나 조청 1kg, 누룩가루 100g

성분 갈락토스, 마그네슘, 식이섬유, 칼륨, 칼슘, 철

효능 기관지염, 비염, 부종, 장염, 피부질환 개선, 복수가 찰 때 효과적임

수세미식초 피부관리법

· 수세미식초와 물을 1 : 3의 비율로 희석하여 습진이나 무좀의 환부에 바르면 증상을 개선할 수 있다.

· 수세미식초와 증류수를 1 : 10의 비율로 만들어 피부에 발라준다. 거칠어진 피부에 효과가 있어 바르면 피부가 윤택해진다.

애기사과
식   초

발효의 세계에 들어선 순간부터 항아리 안에서

무슨 일이 일어났을까 호기심 어린 눈으로 들여다보는 게

습관이 되었다. 직접 재료를 손질하여 다듬고 씻어서 담그는 일을

도맡아 하건만 그 변화무쌍한 변신을 가늠하기가 늘 어렵다.

항아리 안에서 일어나고 있는 일은 소리 없이 고요하지만 활기차고 신비롭다.

지난 늦가을 이웃 오라버니 댁에는 애기사과가 농익어

바닥에 떨어지고 있었다. 색깔이 너무 고와서 한 알 깨물어보니

달콤한 맛과 향기가 일품이다. 이런 좋은 재료를 놓칠 수 있나.

허락을 얻어 바닥에 그물을 펴고 가지를 흔드니

엄청난 양의 애기사과들이 쏟아졌다.

집으로 가져와 부실한 것들을 골라내고 씻어

소쿠리에 건져놓으니 붉은 윤기가 자르르 흐른다.

모험 삼아 식초를 담기로 했다.

처음엔 크게 기대를 못했는데 맛을 보니 잘 숙성되었다.

얼마나 고마운 일꾼들인가. 엄동에도 부지런히 일하여

저렇듯 훌륭한 먹거리를 만들어내다니,

발효의 세계는 늘 신비하고 놀랍다. 그 조그마한 몸에서 흘러나온

향기로운 액체들이 항아리 안에 맑게 고여

봄의 청명한 하늘을 반추하고 있다.

만드는 순서

1. 애기사과는 지나치게 흠집이 있거나 상한 것들을 골라내고 깨끗하게 세척한 후, 소쿠리에 건져 물기를 뺀다.

2. 애기사과를 성글게 분쇄하여 농축맥아즙, 누룩가루와 골고루 섞어 항아리에 담는다.

3. 항아리 입구는 한지나 천으로 봉하여 25~27℃ 온도에서 40여 일 동안 발효시킨다.

4. 건더기를 걸러 맑은 즙액만 따로 50여 일 더 후숙시킨 후 완성한다.

5. 완성된 식초는 침전물을 걸러 맑은 상등액만 유리병에 밀봉 보관한다.

재료 애기사과 5kg, 농축맥아즙 5ℓ, 누룩가루 100g

성분 과당, 비타민 C, 주석산, 포도당, 펙틴, 폴리페놀

효능 소화 촉진, 식욕 개선, 설사, 생리통, 요통, 위장병, 장출혈 치료, 뇌질환 예방, 항산화 작용

오 가 피
식 초

'아칸토파낙스'라고도 불리는 오가피나무는
만병을 치료하는 나무라는 뜻을 가지고 있을 만큼
여러 가지 우수한 성분으로 가득 차 있다.
고려시대부터 사용되었다는 기록이 있을 만큼 오랜 시간 민간의
좋은 약재로 활용되었고 그 효능이 검증되어 오늘에 이르렀다.
오가피는 한 줄기에서 다섯 개의 잎으로 갈라진 모양이라는 데서
그 이름이 유래되었다. 무독하여 성질은 따뜻하다고 알려진
오가피는 주로 차나 술을 만들어 사용하는데
누룩을 이용하여 천연발효식초를 만들어도 좋다.
오가피의 성분 중 아칸토사이드 D라는 물질은
뼈와 근육에 작용하여 관절염이나
류마티스 등에 효과가 있다고 한다.
또 엘레우테로사이드는 젖산의
분해를 돕는 물질로 피로 회복이나
기력 증강, 독소 제거를 돕는 등의
귀한 역할을 한다.

만드는 순서

1. 오가피열매는 맑은 물에 살짝 헹구어 소쿠리에 건져 준비한다.

2. 바닥이 평평한 스테인리스 볼에 오가피열매를 담고 나무 방망이로 가볍게 으갠다.

3. 으깨진 오가피열매와 벌꿀, 누룩가루를 함께 버무려 항아리에 담는다.

4. 25~27℃ 온도에서 60여 일 동안 1차 발효를 시킨다.

5. 건더기를 걸러 즙액만 따로 60여 일 동안 2차 발효를 시킨다.

6. 완성된 식초는 침전물을 따로 거르지 않고 혼합하여 사용한다.

재료　오가피열매 3kg, 벌꿀 1kg, 누룩가루 50g

성분　비타민, 사포닌, 세사민, 스테롤, 시린진, 아칸토사이드 D, 엘레우테로사이드, 치사노사이드, 쿠마린, 하이페린

효능　간 기능 보호, 내분비조절 기능, 면역력 증강, 류마티스관절염 치료, 성 기능 개선, 위장질환 개선, 해독작용, 혈압 조절

오 디
식 초

여름이 시작되면 산기슭의 야생 뽕나무는 손바닥처럼 넓은 잎 아래 까맣게 익은

윤기 나는 열매를 다닥다닥 매달고 있다. 산을 오르내리는 길에 봐두었던 뽕나무는

약속처럼 어김없이 올해도 검은 빛 열매를 가득 품었다.

뽕나무에 올라앉아 열매를 한 움큼 따서 입에 넣고 깨물어보면

달콤하고 새콤한 과즙이 입 안에 가득 고인다. 오디 한 줌에 마냥 행복해지는 시간,

자연이 준 또 다른 선물이다. 뽕나무 아래 넓은 망을 깔아놓고

나뭇가지를 가볍게 흔들어주면 농익은 열매들이 우수수 떨어진다.

한철 지나가는 귀한 열매들을 거두어 갈무리하기 위해서는 한나절의 손질이 필요하다.

제철에 나는 과일을 활용하여 천연발효식초를 만들다보면

1만 년의 역사를 도도하게 흐르고 있는 식초의 물결에

합류하게 된다. 세계의 명초들이 즐비하지만

내 손으로 직접 만든 천연발효식초

한 병의 가치는 많이 다르다.

식초를 빚는 사람과 완성해내는

미생물들 사이에 흐르는 교감을

어찌 비교하랴!

만드는 순서

1. 오디는 농익은 것으로 골라 잡티를 골라내어 밑이 평평하고 두터운 용기에 넣고 나무 방망이로 으깬다.
2. 으깬 오디에 누룩가루와 조청을 고루 섞고, 세척하여 말린 항아리에 담아서 입구를 두꺼운 천으로 봉한다.
3. 40여 일이 지나 적당하게 알코올과 초산이 만들어지면 고운체에 걸러 27~30℃ 온도에서 60여 일 동안 초산발효를 시킨다.
4. 초산발효가 진행되면 침전물을 걸러 맑은 상등액만 후숙발효에 들어간다.
5. 총산도 4도 이상의 초가 만들어지면 밀봉하여 보관한다.

재료 오디 5kg, 누룩가루 150g, 조청 1kg

성분 리놀산, 레스베라트롤, 비타민 A·B·C·E, 사과산, 안토시안, 인, 철분, 포도당, 타닌, 칼슘

효능 고혈압, 동맥경화, 빈혈 개선, 당뇨병 개선, 류마티스관절염 치료, 시력 강화, 숙취 해소, 다이어트, 불면증, 건망증 개선, 변비, 신장·장·간 기능 향상, 이뇨 작용, 정력 증강, 피부 미용, 항암, 항염 작용

으름 식초

산언저리에서 소소한 일상을 보내다 보면 철에 따라 자연이 툭툭 던져주는 농익은
야생 열매들을 만나곤 한다. 머루나 다래, 까마중, 오디, 하늘수박, 으름, 오미자,
산수유, 산딸기…… 무질서한 듯 보이는 숲에서 철을 따라 각각의 빛깔과
맛, 향기를 지니고 무심한 듯 생겨나 익어가는 열매들. 미처 그것을 발현
하는 손길을 만나지 못하면 다시 자연으로 고요히 돌아가는 숲의 자식
들이다. 향기에 이끌려 가을 숲에 가면 매년 그 자리에 어김없이
열매가 농익어 있다. 앙증맞은 바나나 모양새를 하고
까맣게 익은 씨들로 속을 가득 채운 으름.
한입 깨물어 보면 감미롭고 달달한 맛이 원초
적 입맛을 자극한다. 어찌 그냥 지나치랴.
넝쿨진 줄기를 당겨보면 으름이 대롱대롱
줄줄이 매달려 있다. 모두 바구니에 따 담
으며 즐거운 으름 삼매경에 빠진다. 이렇게
귀한 숲의 선물로 초 한 병 담아 부실해진 몸의
구석구석을 보살펴주자.
으름은 스트레스가 많은 현대인들의 심장에 불을
꺼준다. 또한 그 씨앗은 예지자라고 불릴 만큼 뇌의
활성을 도와 맑은 머리를 유지시켜 미래의 일을 알게 한다고도 한다.
으름은 당이 높기 때문에 보당을 많이 하지 않아도 충분하게 발효가 잘 일어나는 열매다.

만드는 순서

1. 잘 익은 으름은 속살만 발라낸다.

2. 으름 속살과 배, 누룩가루, 벌꿀을 고루 섞어 항아리 안에 담는다.

3. 60여 일 동안 발효시킨 후 베자루에 즙액을 거른다.

4. 즙액만 다시 1개월 동안 후숙시켜 완성한다.

재료 으름 속살 1kg, 배 1kg, 누룩가루 100g, 벌꿀 400g

성분 리놀레산, 아케빈, 올레인, 팔미틴
효능 심장 기능 강화, 뇌세포 활성, 모유 분비 촉진, 암세포 억제, 콩팥 기능 강화, 청혈 작용

파프리카
식   초

노랑, 주황, 빨강, 초록의 선명한 색상을 지닌 파프리카는

놓여 있는 자체만으로 눈과 마음을 즐겁게 한다.

보기에 좋은 떡이 먹기에도 좋다는 옛 속담처럼 파프리카는 보는 것만으로도 즐겁다.

거기에 달콤하고 향기로운 맛까지 더하면 매력적인 먹을거리임이 분명해진다.

파프리카는 그 다양한 색깔마다 품고 있는 성분이 있는데

노랑·주황에는 베타카로틴, 빨강에는 리코펜, 초록에는 철분이 많다.

때문에 각각의 효능도 탁월하고 공통적으로 함유되어 있는

성분들도 우수하다. 빨강 파프리카는 항암, 성장 촉진,

면역 증강, 관상동맥증 예방 효과가 있으며, 노랑·주황 파프리카는

감기 예방, 피부 미용, 스트레스 해소, 노화 방지,

초록 파프리카는 비만 치료, 다이어트,

빈혈 예방 등의 효능을 갖는다.

파프리카의 좋은 성분이

우리 몸에 원활하게 흡수되도록

고유의 건강한 색상을

발효를 통해 다양하게

표현해보면 어떨까.

만드는 순서

1. 찹쌀은 깨끗하게 세척하여 1시간 동안 불린 후 밥을 짓는다.

2. 엿기름가루와 생수를 섞어 진한 맥아즙을 만들어 찹쌀밥에 붓고 용기에 담아 65℃ 온도에서 5~6시간 동안 당화한다.

3. 당화액을 약한 불에서 3ℓ가 될 때까지 농축시킨다.

4. 파프리카를 잘게 분쇄하여 당화액과 누룩가루를 섞어 항아리에 담는다.

5. 25℃ 온도에서 40일 동안 1차 발효를 시킨 후 즙액만 분리하여 27℃ 온도에서 60여 일 동안 2차 발효를 시킨다.

6. 완성된 식초는 햇볕이 들지 않는 곳에 밀봉 보관한다.

재료 파프리카 2kg, 찹쌀 1kg, 엿기름가루 500g, 생수 4ℓ, 누룩가루 100g

성분 비타민 A·B₁·B₂·C·D·P, 철분, 칼슘, 칼륨, 베타카로틴, 루테인, 섬유소

효능 항암 작용, 성장 촉진, 면역 증강, 관상동맥증 예방, 감기, 피부 미용, 스트레스 해소, 노화 방지, 비만 치료, 빈혈 예방, 콜레스테롤 제거

포 도 식 초

하얗게 분칠한 포도송이를 보면 여름의 그 무더위를 견뎌온
노고는 아랑곳하지 않고 군침부터 삼킨다. 참 풍요롭다!
포도는 가을에 출하가 본격적으로 시작되고 나면
어느 곳에서나 눈에 띄는 과일이 된다. 값도 저렴해지고
당도도 높아 이런저런 궁리를 하며 포도를 눈여겨 본다.
가을은 포도 식초를 만들 만한 좋은 계절이다.
재료가 풍부하고 천연발효를 하기에 적당한
온도가 유지되는 9월. 포도식초 한 병을 만들어
풍미와 진보랏빛 색감을 만끽하는 즐거움을 누리자.
천연발효식초가 만들어지는 공식 위에 포도를 얹고
과정을 하나하나 이해하고 기다리다 보면 자연 안에
미생물과 사람이 함께 엮어내는 멋진 작품을 만날 수 있다.
포도식초의 시작은 좋은 재료를 만나는 것에서부터 시작된다.
당도가 높은 농익은 포도를 준비하자. 포도식초는 보당을 따로 하지 않고
원재료 속에 들어 있는 당을 농축시켜 발효의 조건을 만들고 배양효모 대신
천연누룩을 사용하여 풍미를 높이는 것이 특징이다.
이처럼 설탕을 쓰지 않고 누룩과 농축과즙으로 만들면
설탕에 대한 불안감을 해소하고 건강한 천연발효식초를 직접 만들 수 있다.

만드는 순서

1. 포도는 흐르는 물에 여러 번 세척하여 농도 1%의 식초물에 20여 분간 담가둔다.

2. 포도를 세척 및 소독하여 소쿠리에 건진다.

3. 포도알을 나무 방망이로 으깨어 껍질과 알이 분리되도록 한다.

4. 착즙을 원활하게 하기 위해 60℃ 온도에서 1시간 정도 열탕한다.

5. 적당한 크기의 소쿠리나 굵은 삼베 주머니를 사용하여 껍질과 씨를 걸러준다.

6. 즙액만 따로 담아 약한 불에서 1/4 정도의 양으로 농축시킨다.

7. 포도농축액은 식혀서 누룩가루를 첨가하고 용기에 담아 25℃ 온도에서 60여 일 동안 발효시킨다.

8. 완성이 되면 바로 사용할 수 있으나 6개월 이상 숙성 기간을 거치면 풍미가 뛰어나고 항산화물질이 풍부한 천연발효식초가 된다.

재료 포도 10kg, 누룩가루 100g

성분 레스베라트롤, 비타민, 안토시안, 유기산, 포도당, 플라보노이드, 타닌

효능 기억력 증진, 고혈압, 당뇨, 빈혈, 심혈관질환 예방, 피부 미용, 피로 회복, 항산화 작용, 활성산소 제거, 항암 작용, 혈류 개선

옥 수 수
식 초

옥수수는 산비탈 가파른 곳이나 척박한 자갈밭에서도 불평 없이 자라나

배고픈 이들의 큰 버팀목이 되어주었던 고마운 곡물이다.

하지만 이제는 더 이상 구황식물이 아닌 훌륭한 기능성 식품이 되었다.

배가 고파서 옥수수를 먹는 것이 아니라 우수한 옥수수 성분 때문에 건강을 위한

먹거리로 많이 활용된다. 여러 가지 별미 음식으로도 쓰이며 차나 음료로도

개발되어 언제 어디서나 건강하게 즐길 수 있게 되었다.

옥수수는 낮은 지방함량과 풍부한 식이섬유, 토코페롤과 같은 성분의 작용으로

항암·항균 효과가 있으며 요로결석이나 신장결석, 신장암을 개선시킨다.

그 외에도 다양한 효능을 가진 옥수수는 알면 알수록

우리 몸에 없어서는 안 될 천연재료다.

식초를 만들 때는 맥아즙을 만들어

옥수수죽에 섞어주면 단맛이 나고

발효도 원활하게 이루어져

많은 양의 식초를 얻을 수 있다.

만드는 순서

1. 옥수수는 통곡이나 분쇄된 알갱이 옥수수 중 하나를 선택하여 24시간 이상 충분하게 물에 불린 뒤 가루로 빻아 준비한다.
2. 빻은 옥수수에 생수를 붓고 열을 가하여 옥수수죽을 끓인다.
3. 옥수수죽을 40℃ 온도로 식힌 후, 엿기름가루를 넣고 1시간 이상 당화한다.
4. 당화액이 차갑게 식으면 누룩가루를 고르게 섞은 후 항아리에 넣어 입구를 한지로 봉하고 25~27℃ 온도에 놓아둔다.
5. 50여 일이 지나 초산발효가 진행되면 온도를 27~30℃로 높여 관리한다.
6. 층이 생기면 침전물을 걸러 맑은 상등액만 다시 40여 일 동안 후숙발효를 시킨 후에 밀봉 보관한다.

재료　건옥수수 1kg, 엿기름가루 100g, 누룩가루 200g, 생수 6ℓ

성분　단백질, 지질, 당질, 섬유소, 비타민, 칼륨, 리놀레산, 팔미틴, 올레인산, 아케빈, 토코페롤

효능　건망증, 요로결석, 신장결석, 부종, 신우신염, 신장암, 당뇨 개선, 이뇨 작용, 변비, 소화불량, 동맥경화, 고혈압 개선, 정장 작용, 충치 개선, 피부 미용, 노화 방지, 숙취 해소, 항암, 항균 효과

흑미식초

온통 황금빛으로 물든 가을 들판 한편에 거무스름한 빛의 사뭇 다른 풍경이 펼쳐져 있다.

놀라서 다가가 보면 검고 무거워 보이는 벼이삭들이 고개를 숙이고 서 있다.

가까이 갈수록 알 수 없는 향기는 더욱 신비롭고 구수하다.

몇 알 따내어 껍질을 벗겨보면 흑구슬 같은 까만 쌀알들이 들어 있다.

세상은 이렇게 헤아릴 수 없는 은총으로 가득한 듯하다.

가을 햇살 아래 백미와 흑미가 함께 서서 사람들의 식탁에 오를 꿈을 꾼다.

자연의 무한한 자비와 생명에 대한 긍정을 아낌없이 쏟아내고 있는 대지에서

검정 빛깔 안에 감추어진 여러 고마운 물질들을 살펴본다.

이들의 지극한 역할로 인해 오늘도 건강한 하루를 선물 받은 기분이다.

자연의 선물을 한 줌 손에 쥐고

새로운 발효의 세계에 한 알 한 알 수놓아보자.

만드는 순서

1. 흑미는 두 번 정도 가볍게 씻어 12시간 이상 충분히 생수에 불린다.

2. 생수에 불린 흑미를 문질러 씻어 흑미 고유의 색소가 추출되도록 한다.

3. 흑미추출액으로 밥을 짓고 나머지 추출액은 남겨둔다.

4. 흑미밥은 차게 식혀 누룩가루를 고루 섞어 채반에 펴고 그 위에 면포를 씌워 27~30℃ 온도에서 배양한다.

5. 배양된 흑미밥을 항아리에 넣고 남은 흑미추출액을 부어 27~30℃ 온도에서 60일 동안 1차 발효를 시킨다.

6. 즙액과 건더기를 분리하여 즙액만 60일 동안 2차 발효를 시킨다. 후숙 기간이 길면 식초의 품격도 현저히 달라진다. 식초가 완성되면 보관하는 기간 동안 철저히 밀봉하여 잡균의 근접을 막는다.

재료 흑미 2kg, 누룩가루 300g, 생수 10ℓ

성분 감마오리자놀, 라이신, 망간, 셀레늄, 안토시안, 섬유질, 아연, 철분, 토코페롤

효능 간 기능 개선, 갱년기장애 치료, 모발 재생, 면역력 증강, 시력 보호, 심장병, 당뇨병, 유방질환, 저혈압, 빈혈, 불면증 치료, 활성산소 제거

수수식초

씨앗이 움트고 자라나 한 포기의 풀이나 한 줄기의 가지, 덩굴 등의 모습을 거쳐

다시 순환하는 것을 순기능적 측면으로 바라보면 세상은 한 없이 풍요롭고 너그럽다.

거기 차가운 바람인들 없었겠으며 햇볕에 그을린 목마름인들 없었을까.

그러함에도 맡겨진 임무를 게을리 하지 않은 고마운 존재들,

가을 들판 붉은 빛 알알이 고개 숙인 수수밭에는 자연이 가르쳐준 겸손과 감사가 가득하다.

제 각각 무게에 겨워 땅을 향해 고개 숙인 수수이삭들 사이로 가을바람이 살랑 드나든다.

농부의 투박한 손바닥을 거쳐 나온 영근 수수알을 앞세워 발효 여행을 떠나보자.

붉은 빛깔이 너무도 고와 겉껍질만 벗겨낸 채, 통곡 그대로 사용하여

수수의 향과 영양 그대로를 한 병의 식초 안에 담아 자연을 누리자.

만드는 순서

1. 통수수는 깨끗하게 세척하여 24시간 동안 불린 후 가루로 빻는다.

2. 솥에 수수가루와 생수, 엿기름가루를 넣고 풀어준 후 1시간가량 뚜껑을 닫아둔다.

3. 2에 열을 가하여 수수죽을 끓인다.

4. 끓인 죽을 충분히 식혀 누룩가루를 섞은 후 항아리에 넣고 입구를 한지나 천으로 봉한다.

5. 27℃ 온도에서 90일 동안 1차 발효를 시킨다.

6. 다시 고운체에 걸러 항아리에 담고 60여 일 동안 후숙 기간을 거치면 색과 향, 풍미가 뛰어난 천연발효식초가 완성된다.

7. 침전물은 걸러 맑은 상등액만 밀봉하여 서늘한 곳에 보관한다.

재료 통수수 2kg, 엿기름가루 200g, 누룩가루 800g, 생수 7ℓ

성분 무기질, 아미그달린, 인, 철, 페놀, 타닌, 프로안토시아니딘

효능 다이어트, 면역력 증진, 방광염 예방, 빈혈 개선, 위장 보호, 소화 촉진, 지사 작용, IDI-콜레스테롤 제거, 피부 미용, 항산화, 항돌연변이, 항암 작용

수수식초 화장수 만들기

수수식초와 생수를 1 : 10의 비율로 희석하여 거즈에 적셔, 세안 후 얼굴에 펴 바르고 10분 정도 둔다. 보습 효과가 뛰어나 피부 노화 방지에 도움이 된다.

수수식초 차 마시기

수수식초와 벌꿀, 생수를 1 : 0.5 : 3의 비율로 희석하여 마시면 빈혈이나 항암에 효과가 있다.

맥 아
식 초

맥아식초는 다양한 재료를 사용하여 제조되는 식초 중에서 발효의 기초물질인 맥아를
직접 활용하기 때문에 방법이 까다롭지 않고 숙성 과정도 비교적 짧은 편이다.
맥아식초 제조법은 국가나 지역에 따라 약간의 차이가 있다.
주원료인 보리의 종류와 발아법에 따라 맛과 향의 차이가 있으며 첨가하는
식물이나 물질에 따라 제조법이 달라지기도 한다.
먼저 맥아를 즙으로 만드는 과정에서 초산을 생성시킬 때
적당한 당이 만들어져야 하므로 당화물이 필요하다.
주로 찹쌀이나 수수, 옥수수, 쌀, 보리, 밀 등
모든 곡류가 사용 가능하다.
맥아식초가 완성되면 음식에
첨가하거나 물에 희석하여
음료로 마실 수 있다.
또 피부 개선을 위해
화장수로도 쓸 수 있으니
활용도가 높다.

만드는 순서

1. 보리를 세척하고 불려서 당화하기 적당하게 분쇄하여 죽을 쑨다.

2. 보리죽에 엿기름가루와 물을 첨가하여 65℃ 온도에서 5~6시간 동안 당화하여 맥아즙을 만든다.

3. 맥아즙의 당도를 20~30브릭스로 만든 후 누룩가루를 첨가하여 발효시킨다.

4. 발효 과정은 알코올발효 – 초산발효 – 숙성의 단계를 거쳐 완성된다. 대략 60여 일이 소모되며 완성된 후에는 밀봉하여 서늘하게 보관한다.

재료　보리 1kg, 엿기름가루 300g, 생수 4ℓ, 누룩 150g

성분　단백질, 레시틴, 말타아제, 비타민 B, 비타민 C, 전분, 질소화합물

효능　소화 촉진, 유즙 분비 촉진, 혈당 강하

현미식초

쌀눈이 온전하게 살아 있는 현미는 생명을 느끼게 한다. 현미는 생명을 품은 씨앗임에 틀림없다.

어디라도 생육조건이 주어지면 싹을 틔울 수 있는 에너지를 품은 진정한 생명체.

한 생명이 다른 생명에게 온전한 것들을 전달하는 순환은 경이와 감동이다.

밥 한 공기 안에서 우리는 생명의 온기를 느끼고 다시 다른 생명에게

그 온기를 전달할 수 있는 힘을 얻는다. 이 과정은 수많은 생명들의 헌신을 통해서 나오는

진정한 순환이다. 생명을 품은 현미 안에 담겨진 고마운 물질들을 살펴보면

우리 몸에 꼭 있어야 할 것들로 가득하다. 신경안정물질인 가바는 스트레스를 줄여주고,

인지 능력을 높여준다. 옥타코사놀은 체력이나 지구력을 향상시키는 물질로서

우리 몸의 항상성 유지에 도움이 되며, 자율신경에 관여하는 감마오리자놀은

칼슘이나 철분 및 아연을 보급하여 신경전달물질로서의 큰 역할을 해낸다.

또 리놀레산은 세포의 산소호흡이 원활할 수 있도록

돕는 물질이며 토코페롤은 자신이 산화되어

다른 물질이 산화되는 것을 막아주는

항산화제다. 그 작은 몸 안에

이처럼 많은 물질을

채우고 있는 현미의 생명력을

식초 한 병에 새롭게 담아보자.

만드는 순서

1. 현미는 세척하여 24시간 동안 불리고 가루로 빻아 준비한다.

2. 현미가루에 엿기름가루를 고루 섞고 생수를 넣어 잘 저어준 후 죽을 만든다.

3. 현미죽을 차갑게 식힌 후 누룩가루를 섞어 항아리에 담고 한지나 천으로 입구를 봉하여 27~30℃ 온도에서 50일 동안 발효시킨다.

4. 고운체로 걸러 60여 일 동안 후숙 기간을 거쳐 완성한다.

5. 침전물을 걸러 맑은 상등액만 밀봉 보관하고, 침전물은 생선 요리나 야채, 과일에 곁들여 사용한다.

재료　현미 2kg, 누룩가루 300g, 엿기름가루 200g, 생수 7ℓ

성분　감마오리자놀, 나이아신, 리놀레산, 비타민 E, 식이섬유, 아라비녹실란, 옥타코사놀, 토코페롤

효능　결석, 고혈압, 동맥경화, 당뇨 예방, 노화 방지, 면역력 증대, 변비 개선, 세포막 보호, 심장병 예방, 중금속 배출, 활성산소 제거

잡곡식초

잡곡식초는 각각의 곡류가 가지고 있는 맛과 영양, 특유의 향을 혼합발효시켜 독특한 풍미와 물질을 생산하여 건강한 초를 만드는 데 목적이 있다. 여러 재료가 발효되면서 발생하는 다양한 물질 가운데 아세트산을 비롯하여 70여 가지나 생성되는 유기산과 곡류식초에 주로 존재하는 10가지 이상의 아미노산 종류가 있다. 잡곡식초의 구수하고 은근한 단맛도 아미노산의 작용이다.

잡곡식초는 우리나라의 오랜 전통 식초다. 쌀이나 보리 등으로 가양주를 빚어 사용하던 때부터 자연스럽게 가양초가 부뚜막에 놓였다. 이제는 주거환경이 바뀌고 간편한 식문화가 도입되면서 부뚜막이라는 공간이 사라지고 식초를 숙성시킬 시간과 정서도 함께 사라졌다. 그럼에도 우리는 옛 식초에 대한 단순한 향수가 아닌 우리 식탁이 잃어버린 정서적, 영양적 결핍의 치료 차원에서 이를 복원하고자 하는 열망을 가지고 있다. 쉽지는 않지만 도전해볼 만하다.

다양한 물질을 골고루 함유하고 있는 다섯 가지 곡류를 혼합하고 옛 방식대로 식초를 빚어 깨지기 쉬운 몸의 균형을 잡아주고, 빚어가는 동안 안정된 정서 안에서 발효의 즐거움을 맛볼 수 있다. 곡식의 상태는 대부분 씨눈이 살아 있는 통곡 형태로 물에 충분하게 불려 가루를 내어 죽을 만들고, 약간의 엿기름가루와 누룩가루를 섞어 자연온도에서 발효시켜 식초를 얻는다. 발효 과정에서 이양주나 삼양주 방법도 가능하나 첫 담금 상태만으로도 좋다. 충분한 산도의 식초가 만들어지면 맑은 상등액만 밀봉 보관한다.

만드는 순서

1. 곡식은 각각 따로 깨끗하게 세척하여 충분하게 물에 불린 후 성글게 가루로 빻는다.

2. 생수에 가루를 풀고 중간 정도의 불에서 잘 익혀 죽 상태로 만든다.

3. 죽을 충분하게 식힌 후 엿기름가루와 누룩가루를 섞어 용기에 담는다.

4. 25℃ 온도에서 15~20일 동안 알코올발효를 시킨다.

5. 다시 27~30℃ 온도에서 50여 일 동안 초산발효를 시켜 완성한다.

6. 완성된 식초는 침전물을 걸러 맑은 상등액만 후숙시켜 사용한다.

재료　옥수수가루 1kg, 찹쌀가루 1kg, 기장가루 400g, 차조 400g, 수수 400g, 생수 12ℓ, 엿기름가루 500g, 누룩 가루 1.5kg

성분　아세트산, 유기산, 아미노산(글루탐산, 아르기닌, 아스파라긴산), 칼슘, 수용성 비타민

효능　골다공증 예방, 조혈 작용, 이뇨와 순환 작용, 혈당 강하, 혈중중성체지방 분해, 청혈 작용, 콜레스테롤 감소, 암세포 억제, 폐 기능 강화, 염증 완화, 노화 방지, 고지혈증, 혈액순환 개선, 항산화 작용, 만성 위장질환 개선

쇠비름
식 초

한민족의 역사는 공간과 시간을 공유하여 만들어낸 검증된 증거다. 우리는 옛사람들의 지혜를 빌려 오늘을 살아낸다. 풀 한 뿌리, 꽃 한 송이, 어느 것 하나 새로운 것이 아니다. 쇠비름이라는 흔한 풀을 오행초나 장명채로 불렀던 것이 그 증거다. '붉은 줄기, 까만 열매, 초록 잎, 하얀 뿌리, 노란 꽃의 다섯 가지 기운을 품었다'고 하여 오행초라 불렸으며, '장수를 돕는 풀'이라 하여 장명채란 이름으로도 불려졌다.

얼마나 멋지고 경이로운 유산인가. 몇 천 년 전부터 사람의 몸을 어롭게 했던 자연의 숨은 보물들이 여기저기 아직 남아 있다는 것은 참 고마운 일이다. 그리스에서 발견된 구석기시대의 동굴에서 쇠비름의 씨앗이 발견되어 화제가 된 적이 있다. 그 생명력은 이 시대 병약한 우리에게 시사하는 바가 크다. 꼭 먹어야 할 진정한 먹거리를 찾아보는 일은 우리의 일상을 분명 생기롭게 할 것이다.

쇠비름의 줄기와 잎에는 도파민이라는 물질이 들어 있어 잘 활용하면 훌륭한 건강 지킴이가 될 것이다. 또한 몸의 습한 기운을 다스려 악창이나 종기에 효과가 있으며 습진, 무좀 등 만성피부질환에도 큰 도움이 된다. 6월~8월에 청정한 지역에서 자란 쇠비름을 채취하여 천연발효식초를 만들어보자. 쇠비름 전초가 발효를 통해 여러 가지 이로운 신물질을 만들어 우리 몸에 흡수율을 높여줄 것이다.

만드는 순서

1. 깨끗이 세척한 쇠비름을 3~4cm 크기로 잘라 준비한다.

2. 청주를 뿌리고 찜기에서 1분간 찐 후 한나절 동안 말리는 것을 3회 반복한다. 햇볕이 강하지 않은 곳에서 꾸들할 정도로 말린다.

3. 용기(보온밥솥)에 마른 쇠비름을 담고 생수를 부어 65℃ 온도에서 3~4일 동안 충분하게 열수추출한다.

4. 쇠비름추출액을 미지근하게 식힌 후 조청을 녹이고 누룩가루를 넣어 25℃ 온도에서 90일 동안 발효시킨다.

5. 초산이 강하게 생성되면 침전물을 걸러 맑은 상등액만 유리병에 밀봉 보관한다. 많은 양의 식초를 만들었을 때는 여러 병으로 나누어 보관하면 오랫동안 풍미가 좋은 식초를 즐길 수 있다.

재료 쇠비름 1kg, 청주 200㎖, 조청 800g, 생수 4ℓ, 누룩가루 80g

성분 녹말, 베타카로틴, 비타민 B_1·C·E, 사포닌, 오메가 3 지방산, 항산화효소

효능 살균 작용, 심장병, 악창, 종기, 이질, 설사, 급성위장염, 만성장염, 대장염, 관절염, 저혈압, 위암, 폐암, 당뇨, 자궁질환 치료, 양혈, 지혈, 항균, 소염 작용

능이버섯
식   초

버섯을 잘 아는 산사람들은 송이와 능이를 말할 때,
"1능이, 2송이, 3표고"라는 표현을 잘 쓴다.
송이버섯이 사람들에게 널리 알려져 으뜸이라고 말하지만
능이버섯을 아는 사람들은 상대적으로 적다.
능이버섯은 전설처럼 신비롭다.
수십 년 전만 해도 능이버섯밭이라는 표현이 가능할 정도로
한 곳에 군락을 이루며 가을 산에 돋아나서
발견한 사람을 황홀하게 했었는데
지금은 송이보다 더 보기 힘든 버섯이 되었다.
능이버섯 특유의 향과 검은 빛 몸체는
자연의 위대함을 다시 생각하게 한다.
더구나 건강을 잃었을 때 우리 주변에
이렇게 고마운 존재들이 있다는 것은
참으로 큰 행운이다.

만드는 순서

1. 능이버섯은 청주에 적셔 김이 오른 찜기에서 20초 동안 찐 후, 식혀서 선풍기 바람에 30분 동안 수분을 날려준다. 이를 3회 반복하여 준비한다.

2. 능이버섯을 잘게 썰어 바닥이 두꺼운 팬에 기름기 없이 약한 불에서 덖는다.

3. 덖은 능이버섯을 용기에 넣어 생수를 붓고 65~70℃ 온도에서 24시간 동안 열수추출한다.

4. 능이버섯추출액에 벌꿀을 희석하여 항아리에 담고 식으면 누룩가루를 넣어준다.

5. 항아리 입구를 한지나 광목으로 봉한다. 1차 발효 기간을 90여 일 정도로 충분하게 잡아 산도와 풍미를 높인다.

6. 발효가 끝나면 고운체에 맑게 걸러 60여 일 동안 2차 후숙 기간을 거쳐 완성한다.

7. 완성된 식초는 침전물을 걸러 맑은 상등액만 밀봉 보관한다.

재료 능이버섯 100g, 벌꿀 2kg, 누룩가루 50g, 청주 400㎖, 생수 5.5ℓ

성분 니아신(니코틴산), 단백질, 레티안, 식이섬유, 비타민 C, 아연, 인, 철분, 칼륨, 칼슘, 프로티아제

효능 고혈압, 기관지천식, 감기 개선, 다이어트 효과, 면역력 증강, 소화 촉진, 혈관질환, 호흡기질환 개선, 항암 작용

상황버섯
식 초

깊은 산속을 정처 없이 헤매는 사람은 약초를 캐어 생업을 삼는 사람이거나

내일을 기약할 수 없는 중병에 걸려 자연에 마지막 희망을 걸고

자신을 도와줄 약이 될 만한 것을 찾는 사람일 것이다.

각각 이유는 다를지라도 궁극적으로는 사람의 건강을 돕는

귀한 약으로 쓰인다는 점은 동일하다.

원래 상황버섯은 죽은 뽕나무의 그루터기에서

돋았던 것을 일컫는데 참나무나 밤나무 등에서도

돋아난다. 야생 상황버섯을 구하기는 쉽지 않아

요즘은 보통 재배가 된다.

작년 가을에 낙엽이 진 숲을 걷다가 우연히

상황버섯을 발견하였는데 함께 간 지인이 알려주어

손으로 직접 따보았다.

딱딱한 감촉의 목질 안에 황금빛이 가득하다.

그 순간의 두근거림이 아직도 생생하다.

만드는 순서

1. 상황버섯은 잘게 부수어 생수를 넣고 중간 불에서 달이다가 끓기 시작하면 약한 불로 줄여 2시간 이상 뭉근하게 달여 준비한다.
2. 찹쌀은 세척하여 상황버섯추출액에 1시간 동안 담가둔 후 상황버섯추출액으로 밥을 짓는다.
3. 식힌 밥에 누룩가루를 섞고 채반에 편 후 면포를 덮어 30시간 동안 배양한다.
4. 항아리에 배양된 재료를 넣고 남은 상황버섯추출액을 넣어 30일 동안 1차 발효를 시킨다.
5. 즙액을 걸러내어 27~30℃ 온도에서 60여 일 동안 2차 발효를 시켜 완성한다.

재료　상황버섯 100g, 찹쌀 1kg, 누룩가루 500g, 생수 6ℓ

성분　마그네슘, 미네랄, 베타글루칸, 비타민 B, 비타민 C, 섬유질, 아미노산, 칼륨, 칼슘

효능　간 기능 개선, 노화 방지, 당뇨병 치료, 면역력 증강, 숙취 해소, 자궁경부암 치료, 지혈 작용, 콜레스테롤 저하, 항암 작용

표고버섯
식   초

표고나 느타리, 새송이버섯은 반찬의 재료들이라고 생각하기 쉽다.

하지만 차나 술, 식초와 같은 발효의 대상으로 바라볼 수도 있다.

특히 표고버섯은 감칠맛이 뛰어나고 특유의 향이 강하여 샐러드드레싱으로 만들어 쓰면

건강에도 큰 도움이 된다. 표고버섯의 강점은 재료를 손쉽게 구할 수 있으며

성분도 우수하다는 것이다. 표고버섯의 독특한 향은

레티오닌이라는 성분 때문이며 비타민 D를 비롯한

다양한 성분들 덕분에 고혈압이나

심장병 환자에게 좋다고 알려져 있다.

만드는 순서

1. 건표고버섯은 0.5cm 두께로 잘라 청주에 적시고 면포를 깐 찜기에 올려서 1분 동안 찐다.

2. 찐 표고버섯을 식혀 그늘에서 말린 후 기름기 없는 팬에서 덖는다.

2. 덖은 표고버섯은 80℃ 온수에서 3시간 동안 열수추출한다.

3. 표고버섯추출액에 조청을 희석하여 항아리에 넣고 누룩가루은 거즈에 싸서 넣는다.

4. 항아리 입구는 한지나 천으로 봉하여 60여 일 동안 1차 발효를 시킨다.

5. 다시 60~70일 동안 후숙시킨 후 침전물은 걸러 맑은 상등액만 밀봉 보관한다.

재료　건표고버섯 200g, 청주 200㎖, 생수 5.5ℓ, 조청 2kg, 누룩가루 50g

성분　레시틴, 레티오닌, 비타민 D, 섬유질, 칼슘

효능　고혈압, 골다공증, 당뇨병, 심혈관질환 개선, 면역력 증강, 성장 촉진, 두뇌 발달, 항암 작용

꽃송이버섯
식   초

언뜻 보면 수국의 꽃송이처럼 보이는 꽃송이버섯은 특유의 향기를 자랑한다.

여러 용도로 쓸 수 있는 꽃송이버섯은 베타글루칸이라는 성분을

다량 함유하고 있는 것으로도 유명하다. 이 성분은 백혈구 수치를 증가시켜

면역력을 활성화하는 데 크게 기여한다.

또 비타민 C·D·E, 미네랄(K·P·Na·Mg)이 면역력에 도움이 되는 대식세포의 활성화를

돕는다. 꽃송이버섯 자체는 천연고분자 형태로 구성되어 장에서 흡수가 어렵다.

꽃송이버섯의 좋은 성분이 우리 몸과 만나기 위해서는

발효의 터널을 지나 식초로 담가 흡수되기 쉬운

저분자 형태로 전환시키는 것이 좋은 방법이다.

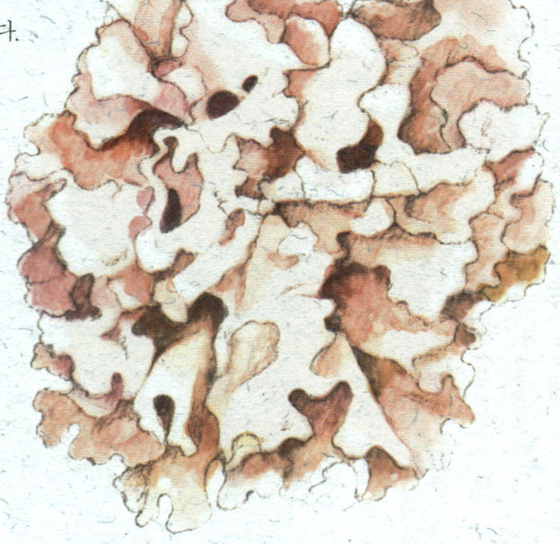

만드는 순서

1. 바닥이 두꺼운 팬을 약한 열에 올리고 팬 위에 석쇠를 걸쳐 꽃송이버섯을 얹고 수분을 날린다.

2. 버섯이 꾸들하게 마르면 팬에서 바삭하게 덖어 분쇄한다.

3. 율무는 충분하게 불려 가루로 빻는다.

4. 생수에 엿기름가루, 율무가루, 덖은 버섯가루 등을 넣어 잘 섞은 후 죽을 쑤어 식힌다.

5. 식힌 죽에 누룩가루를 넣고 고루 섞어 항아리에 담는다.

6. 항아리 입구를 한지로 봉한 뒤 25~27℃ 온도에서 60여 일 동안 발효시킨다.

7. 알코올발효에서 초산발효에 이르기까지 2~3일에 한 번씩 나무 주걱으로 저어주며 산막이 두꺼워지는 것을 막는다.

8. 내용물이 맑아지면 고운자루에 걸러낸 즙액만 40여 일 더 후숙시켜 완성한다.

재료 꽃송이버섯 200g, 율무가루 300g, 엿기름가루 200g, 누룩가루 100g, 생수 2ℓ

성분 비타민 C·D·E, 미네랄(K·P·Na·Mg), 베타글루칸
효능 면역력 증강, 항암 작용, 항균 작용, 체지방 축적 억제, 혈당 강하

향기 식초

식물의 향기 성분에는 사람의 몸을 이롭게 하는 물질이 다양하게 포함되어 있다. 향기는 효소 작용에 의한 저분자 상태로, 사람의 호흡기를 통해 전달되며 뇌를 자극하는 면역물질인 도파민, 엔도르핀, 세로토닌 등을 분비시켜 심신을 안정시킨다. 또 향기가 가지는 피토케미컬이라는 성분은 다양한 기능성물질로 식물에 다량 함유되어 있는 보호(면역)물질과 생리활성물질이다. 이 물질들은 인체에 유익하지만 흡수가 쉽지 않아 흡수율을 높이기 위한 방편으로 발효 과정을 거치기도 한다. 향기와 독특한 맛을 지닌 로즈마리, 레몬밤, 애플민트와 같은 허브와 국산 허브 종류인 박하, 방아잎, 산초, 어성초 등을 발효시켜 안정된 물질을 얻는 것도 좋은 방법이 될 수 있다. 향기 성분은 휘발성방향물질이므로 이를 고려하여 만들어야 맛과 향이 깃든 풍미가 뛰어난 결과물을 얻을 수 있다.

만드는 순서

1. 허브는 종류별로 세척하여 물기를 거둔다.

2. 평평한 도마 위에 허브를 펴고 나무 방망이로 부드럽게 밀어주거나 두드려서 작은 생채기
   가 나도록 한다.

3. 손질한 허브를 3~4cm 크기로 자르고 누룩가루를 뿌려 30분 동안 둔다.

4. 생수에 벌꿀을 넣고 잘 저어 희석한다.

5. 준비된 용기에 누룩가루에 잰 허브를 담고 벌꿀희석액을 부은 후, 40여 일 동안 1차 발효
   를 시킨다.

6. 다시 건더기를 걸러 즙액만 따로 27~30℃ 온도에서 2차 발효를 시켜 완성한다.

7. 완성된 식초는 침전물을 걸러 맑은 상등액만 밀봉 보관한다. 침전물은 드레싱이나 생선
   요리에 응용한다.

재료　로즈마리 1kg, 레몬밤 1kg, 애플민트 1kg, 산초잎 500g, 방아잎 500g, 누룩가루 150g, 벌꿀 4kg(유기농 설
탕 3kg), 생수 15ℓ

성분　알데히드, 에스테르, 옥사이드, 케톤, 탄화수소, 페놀

효능　긴장 해소, 냉증 개선, 불면증 완화, 소화 촉진, 소염 작용, 스트레스, 우울증 해소, 피로 회복, 항우울
작용, 해독 작용

톳 식초

발효가 어려운 물질 중 하나가 해조류다.

구성 성분들은 우수하지만 대부분 흡수율이 낮아서

우리 몸에 충분하게 활용되지 못하는 것이 아쉽다.

이런 점들을 개선하기 위해 해조류를 곡류와 함께

발효시킬 수 있다.

해조류의 발효는 물질의 분해를 유도하여

새롭게 생성되는 신물질들을 여러 유기산과 접목시켜

양질의 영양식초를 만드는 데 목적이 있다.

만드는 방법으로는 발효 초기부터 해조류를 첨가하거나,

초산이 생성되는 시점에 해조류를 추출하여

발효시키는 방법이 있다. 이 두 가지 외에도

참출분말을 첨가하는 등의 방법도 있다.

해조류로 만든 식초는 완성된 후에도

그 향과 맛이 진하게 남아 조리용으로 쓰거나

건강 증진 식품으로 요긴하게 쓸 수 있다는 장점이 있다.

해조류를 과일과 야채, 곡류 등과 접목하면

맛이나 향이 독특한 특별한 식초들을 제조할 수 있다.

만드는 순서

1. 톳은 깨끗하게 세척하여 이물질을 골라내고 찬물에 담가 소금기를 없애준다.

2. 톳과 생수를 1 : 6의 비율로 하여 용기에 담고 65℃ 온도에서 12시간 동안 추출한다.

3. 쌀을 깨끗하게 씻어서 톳추출액에 한 시간 정도 불린 후 톳추출액을 넣어 고슬고슬하게 밥을 짓는다.

4. 차갑게 식힌 밥에 누룩가루를 섞고 2일 동안 배양한다.

5. 남은 톳추출액에 생수를 섞은 후에 배양된 톳밥에 넣는다.

6. 25~27℃ 온도에서 50여 일 동안 1차 발효를 시킨 후, 건더기를 걸러 즙액만 따로 2차 발효를 시킨다.

7. 전체 발효 기간은 3개월 정도 소요되나 후숙 기간을 거쳐 6개월 정도가 지나야 좋은 식초의 풍미와 안정된 맛을 얻을 수 있다.

재료 톳 500g, 쌀 2kg, 누룩가루 200g, 생수 8ℓ

성분 미네랄, 식이섬유, 칼슘

효능 고지혈증, 콜레스테롤 예방, 심혈관질환 개선

청각
식초

늦봄부터 늦여름까지 우리나라 해안가에서 만날 수 있는 청각은

사슴뿔처럼 생겼다 하여 '녹각채'라고도 불린다.

여름에 바닷가에 가면 몽돌 위에서 청각을 말리는 모습을 흔하게 보게 된다.

큰바람이 불어 파도가 높아질 때면 어김없이

해안가 모래밭이나 몽돌 위에 파도에 떠밀려온 청각을 주울 수 있다.

청각은 해초 중에 흔하지만 성분은 우수하여

반찬이나 김치의 속 재료에 사용되는

귀한 식재료다.

만드는 순서

1. 청각은 6~7회 이상 세척하여 찬물에 담가 소금기를 제거한다.

2. 소금기를 충분히 뺐다 싶으면 0.5cm 크기로 송송 썰어서 준비한다.

3. 생수에 누룩가루를 풀어 30여 분이 지난 후 고운체에 내려 누룩물을 만든다.

4. 누룩물에 벌꿀을 충분하게 녹인다.

5. 4에 준비된 청각을 넣고 용기에 담아 25~27℃ 온도에서 60일 동안 발효시킨 후 즙액과 건더기를 건져낸다.

6. 후숙 기간을 거쳐 완성되면 고운체에 침전물을 걸러 맑은 상등액만 밀봉 보관한다.

재료 마른청각 100g, 생수 3ℓ, 벌꿀 900g, 누룩 60g

성분 비타민 A, 비타민 C, 식이섬유, 엽산, 인, 철분, 칼슘, 칼륨

효능 항산화 작용, 항암 효과, 시력 증진, 빈혈 예방, 변비, 다이어트, 골다공증 예방, 혈압 강하, 동맥경화 예방, 피로 회복, 해독 작용, 간 기능 개선, 신장결석 치료, 신장 기능 개선, 부종 치료, 구충제 역할

멸 치
식 초

식탁에 오르는 바닷물고기 중 가장 작은 종류에 속하는 멸치는 몸집에 비하여
뼈가 뚜렷하며 육질이 단단하다. 칼슘 함량이 높은 식품으로
대표적인 멸치는 우리나라 식탁에 가장 많이 오르는 찬거리 중 하나다.
멸치가 가지고 있는 여러 성분들은 우리 몸에는 꼭 필요하지만
흡수율이 떨어지는 단점이 있다. 다행히도 식초와 칼슘의 만남은 비교적 우호적이다.
칼슘의 흡수를 가장 적절하게 도울 수 있는 것이 식초이므로 발효를 통해
멸치의 화려한 변신을 부추겨보자.

만드는 순서

1. 멸치는 기름기 없는 팬에서 중간 정도의 불로 노릇노릇하게 덖는다.

2. 덖어진 멸치는 채반에 담고 이물질을 제거하여 분쇄기로 부수어 가루로 만든다.

3. 현미는 충분하게 불린 후 가루로 빻는다.

4. 현미가루와 엿기름가루를 생수와 함께 섞어 뭉근한 불에서 죽을 끓인 후 식힌다.

5. 식힌 현미죽에 빻은 멸치가루와 누룩가루를 섞고 항아리에 넣어 입구를 거즈나 한지로 밀봉하여 25~27℃ 온도에서 60여 일 동안 발효시킨다.

6. 건더기를 걸러 즙액만 따로 27~30℃ 온도에서 40여 일 동안 숙성시켜 사용한다.

재료　멸치(중간크기) 150g, 현미가루 2kg, 엿기름가루 200g, 누룩가루 600g, 생수 10ℓ

성분　나이아신, 나트륨, 단백질, 불포화지방산(DHA, EPA), 인, 철분, 칼슘, 칼륨, 타우린, 핵산

효능　골다공증, 동맥경화, 심장병 예방, 두뇌 발달, 피부 건강

멸치식초 활용법

샐러드드레싱에 멸치식초를 넣어 먹거나 녹즙이나 야채주스에 섞어 음용한다.

초콩 만들기

젖은 행주로 콩을 깨끗하게 닦아 실금이 갈 정도로 살짝 볶은 후 병에 담고, 멸치식초를 넣어 3주 정도 숙성시켜 사용한다.

초밀란 만들기

유정란을 깨끗이 세척하여 유리병에 담고, 산도가 너무 낮지 않고 양호한 천연발효식초를 계란이 충분하게 잠길 정도로 부어준다. 껍질이 완전하게 녹으면 속껍질을 제거하고 내용물을 섞어 냉장 보관하여 사용한다.

커 피
식 초

커피를 최초로 발견한 사람은 남미의 한 농부였다고 한다.

방목했던 소 떼가 특정한 장소에서 풀을 뜯고 오면 평소와는 다른 행동을 보이는 것을

이상하게 여긴 이 농부는 소 떼가 먹는 풀의 종류를 관찰하다가

야생 커피나무를 발견했다. 본인이 직접 커피를 먹어본 결과 기분 좋은 흥분상태를

느끼며 피로감이 많이 감소하는 것을 알게 되었다고 한다.

많은 시간이 흐른 지금, 커피는 전 세계인들의 입맛을 사로잡은 기호식품이 되었다.

공정무역을 논할 때마다 가장 먼저 거론되는 것이 커피이기도 한 만큼

이미 사람들의 생활 속에 깊숙이 자라 잡았다.

모두가 즐기는 커피를 재료로 하여 발효의 터널을 지나가보자.

건강에 도움이 되는 커피를

새롭게 즐길 수 있다면

가끼이 항아리 하나를 준비할 수

있을 것이다.

만드는 순서

1. 생수를 미지근하게 데워 벌꿀을 녹인다.

2. 커피와 녹두누룩가루는 거즈자루에 넣어 항아리에 담는다.

3. 벌꿀을 녹인 생수를 항아리에 붓고 입구를 한지로 밀봉한다.

4. 25~27℃ 온도에서 60여 일 동안 발효시킨 후 거즈자루를 건져낸다.

5. 남은 즙액은 다시 27~30℃ 온도에서 40여 일 동안 2~3일에 한 번씩 나무 주걱으로 저어
   주면서 마지막 풍미를 더하기 위해 후숙시킨다.

재료　분쇄 원두 1kg, 아카시아벌꿀 4kg(유기농설탕 3.5kg), 생수 20ℓ, 녹두누룩가루 50g, 2겹짜리 거즈자루 1개

성분　단백질, 무기질, 유기산, 지방, 탄수화물, 카페인, 폴리페놀, 나이아신, 클로로젠산, 타닌

효능　졸음 방지, 항암 효과, 심장병, 치매 예방, 활성산소 제거, 숙취 해소, 이뇨 작용, 피로 회복, 체지방 분
　　　해, 다이어트 효과, 담석증 예방, 혈압 안정, 장운동 촉진, 변비 예방, 지구력 향상

녹 용
식 초

수사슴 한 마리의 뿔은 자라는 시기에 따라 나눌 수 있다. 갓 자란 것을 녹용, 더 자라나 칼
슘이 침착되고 뼈와 같이 굳어진 뿔을 녹각, 뿔이 새로 돋으면서 전해에 돋아난 뿔어 저절
로 떨어진 것을 낙각이라고 한다. 녹용을 자르는 시기는 보통 5월경이며, 시간이 지날수록
녹각이나 낙각이 되며 성분도 크게 달라진다. 사슴의 생태적 습성을 보면 먹이를 먹을 때는
서로 부르며, 움직일 때는 무리 짓고, 모여 있을 때는 뿔을 밖으로 향하게 하여 둥근 방어
진을 만들어 항상 적을 경계한다. 누울 때는 입이 꼬리 쪽을 향하게 하여 목의 더운 기운을
잘 흐르게 한다고 한다. 사슴의 이런 습성은 큰 무기를 지니지 않고 태어난 자신의 몸을 보
호하기 위한 본능적 지혜다.

우리 몸을 돕는 여러 가지 물질들은 대부분 고분자 형태로 형성되어 있어서 자체 성
분은 우수하나 체내로 흡수되는 비율은 대체로 낮은 편이다. 이때 분자 구조를 작게
바꾸어 효능을 극대화하는 것이 발효다. 미생물들의 생명 활동을 통하여 대사산
물인 여러 유익한 물질이 만들어진다. 보약의 대명사인 녹용, 그 보약의 체내 흡수
율을 극대화시킨 녹용식초를 직접 만들어 활용해보자.

만드는 순서

1. 바닥이 두꺼운 솥에 청주와 물을 1 : 2의 비율로 섞어 넣는다.

2. 뚜껑이 있는 작은 그릇에 녹용을 담아 10분 동안 중탕하고 말리기를 3회 반복한다.

3. 생수에 녹용을 넣어 3시간 정도 중간 불에서 달여 녹용즙을 만든다.

4. 녹용즙에 현미가루와 엿기름가루를 섞어 죽을 끓인다.

5. 끓인 죽은 차갑게 식혀 누룩가루와 섞어 항아리에 넣고 입구를 한지로 봉한다.

6. 25~27℃ 온도에서 40일 동안 발효시킨 후 건더기와 즙액을 분리한다.

7. 분리된 즙액을 60여 일 동안 숙성시켜 사용한다.

재료　녹용 500g, 현미가루 5kg, 청주 500㎖, 누룩가루 300g, 생수 15ℓ, 엿기름가루 500g

성분　칼슘, 단백질, 판토크린, 강글리오시드

효능　혈액순환, 조혈 작용, 만성피로 회복, 허약체질 개선, 성장기 어린이 발육 촉진, 중풍, 당뇨병, 고혈압, 비만 개선, 뼈 기능 강화, 면역력 증강, 기억력 및 집중력 향상, 치매 예방, 노화 방지, 피부 미용, 위궤양 치료, 체내 독소 배출

함 초
식 초

우리나라 서남 해안지대의 갯벌에서 주로 자생하는 함초는 염분 농도가 높은 간척지나

염전 근처에서 무리지어 자라며, 다른 식물과 동량일 때 무게가 가장 많이 나가는 식물이다.

일부학자들은 함초를 진화되지 않은 원시식물이라고 말한다.

함초는 3~4월 초에 싹이 나기 시작하여 8~9월에 진한 녹색으로 자라나

찬바람이 부는 9월 이후에는 줄기가 빨갛게 변한다.

가지는 다육질로 선인장처럼 잎이 없으며 여러 갈래로 갈라진다.

8~9월 사이에 아주 작은 흰색의 꽃이 피며 수술 1~2개,

암술대 2개가 있어 많은 열매가 맺히고 주변에 떨어져

이듬해 봄이 되면 다시 무리지어 돋아난다.

함초는 그 이름이 말해주듯이 해수 속의 여러

성분 외에도 소금기를 빨아들여 물기만

증발시키고 갖가지 미네랄 성분은

남기는 특성이 있다.

이러한 특성 때문에 음식에 간을

더할 때도 사용되지만 화장품으로

개발되기도 한다.

함초로 천연발효식초를 만들려면

먼저 함초가 지니고 있는 염을 제거해야 한다.

만드는 순서

1. 함초는 세척하여 2~3cm 크기로 잘라 찬물에 담가 하루에 두 번쯤 물을 갈아주며 2일 동안 소금기를 빼준다.
2. 현미는 24시간 동안 물에 불려 가루로 빻아 죽을 만드는 후 식힌다.
3. 식힌 현미죽에 염을 제거한 함초와 누룩가루를 섞어 항아리에 담고 입구를 한지나 천으로 밀봉한다.
4. 25~27℃ 온도에서 30여 일 동안 발효시킨 후 건더기와 즙액을 분리한다.
5. 분리된 즙액을 다시 60여 일 동안 발효시킨 후 맑게 걸러 밀봉하고 3개월 이상 후숙 기간을 거쳐 사용한다.

재료 함초 1kg, 현미 2kg, 생수 8l, 누룩 200g

성분 아미노산(타우린, 아스파라긴산), 식이섬유, 미네랄(K·P·Na·Mg), 콜린, 베타인, 다당체, 사포닌, 플라보노이드

효능 근력 향상, 콜레스테롤 제거, 해독 작용, 신장 강화, 당뇨병, 골다공증 예방, 숙변 제거, 변비 예방, 다이어트 효과, 생리불순, 피부질환 개선

계절 담은
천연꽃초

1판 1쇄 인쇄 2015년 3월 25일
1판 1쇄 발행 2015년 3월 30일

지은이 김순양
펴낸이 고영수

경영기획 고병욱   기획편집 장선희 양춘미 이새봄   디자인 공희 진미나
외서기획 우정민   마케팅 김재욱   제작 김기창
총무 문준기 노재경 송민진   관리 주동은 조재언 신현민

펴낸곳 청림Life   출판등록 제2010-000315호
주소 135-816 서울시 강남구 도산대로 38길 11(논현동 63)
     413-120 경기도 파주시 회동길 173(문발동 518-6) 청림아트스페이스
전화 02)546-4341   팩스 02)546- 8053
홈페이지 www.chungrim.com   이메일 life@chungrim.com
블로그 cr_life.blog.me   페이스북 www.facebook.com/chungrimlife
트위터 @chungrimlife

그림 박윤정   서브 일러스트 김옥

ISBN 978-89-97195-61-9 (13590)